逐条解説

都道府県漁業調整規則例

都道府県漁業調整規則研究会 著

大成出版社

まえがき

我が国の漁業は、国民に対して水産物を安定的に供給するとともに、水産業や漁村地域の発展に寄与するという極めて重要な役割を担っています。しかし、水産資源の減少によって生産量は長期的な減少傾向にあり、漁業者数も減少しているという厳しい課題を抱えています。

こうした状況の変化に対応するため、今般、漁業法等の一部を改正する等の法律（平成30年法律第95号。以下「改正法」という。）により漁業法（昭和24年法律第267号）等が改正され、資源管理措置、漁業許可及び免許制度等の漁業生産に関する基本的制度が一体的に見直されるとともに、都道府県で行うべき手続等の規定についても新たに整備されました。

従来から、全国統一的に一定の水準を確保するため、「都道府県漁業調整規則例」及び「都道府県内水面漁業調整規則例」が水産庁により作成されてきました。今般の法改正を踏まえて、これらについても見直しが行われ、令和２年４月28日付け２水管第155号「都道府県漁業調整規則例の制定について」が水産庁長官から都道府県知事宛てに通知されました。

本書は、この新しい「都道府県漁業調整規則」について、各条項の趣旨及び内容を体系的に解説したものです。

都道府県漁業調整規則に基づく制度の運用は、漁業調整の観点からのみならず、国民に対する水産物の安定供給という観点からも重要な意義を持つものです。今後も、適切な制度運用により、過去、現在を踏まえながら将来にわたって水産資源の持続的な利用を確保するとともに、水面の総合的な利用を図り、漁業生産力の発展を図る必要があります。

本書が、都道府県漁業調整規則及び漁業法その他関係法令に対する理解を深め、適切な制度運用を図るため、広く活用されることを期待しております。

令和３年12月

都道府県漁業調整規則研究会

凡例

1　本書は、漁業法をはじめとする漁業関係法令、漁業法に関する水産庁が発出した通知などの漁業関係法令に関する公式解釈、漁業関係の判例等をもとに、水産庁の職員が都道府県漁業調整規則例の解釈について見解をまとめたものです。

2　本書の編集に当たっては、次の点に特に留意しています。

①　逐条ごとの解説を原則として、条文ごとに解説が完結するように編集しました。

②　解説全編において、漁業法（昭和24年法律第267号）については「法」、都道府県の規則については「規則」、都道府県漁業調整規則例については「規則例」と略することとし、他の用語については、共通の略語を用いないこととしました。

③　法に定義付けられている用語については、本書では特に注記せずに用いることとしました。

④　法の規定を確認的に記載している条項については、基本的には規則例の条項番号を用いて解説をしていますが、法的効果は法律によって生じることに御留意ください。

逐条解説「都道府県漁業調整規則例」 目　次

序　章

1　都道府県漁業調整規則例の制定経緯

平成30年12月14日に漁業法等の一部を改正する等の法律（平成30年法律第95号。以下「改正法」という。）が公布され、資源管理措置、漁業許可及び免許制度等の漁業生産に関する基本的制度が一体的に見直されるとともに、都道府県で行うべき手続等の規定が新たに整備された。

従来から、全国統一的に一定の水準を確保するため、「都道府県漁業調整規則例」及び「都道府県内水面漁業調整規則例」が水産庁により作成されてきたが、今般の法改正を踏まえて、これらについても見直しが行われた。

主に見直しが行われた点は、以下のとおりである。

⑴　改正法による改正後の漁業法（昭和24年法律第267号。以下「法」という。）において、資源管理の状況等の報告など新たな規定が設けられた。これらを適切に実施するための規定を整備するとともに、制限や義務が漁業者等にとって明らかとなるよう所要の整備が行われた。

⑵　公正かつ安定的な制度運用が図られるよう、法において知事許可漁業の許可手続、停泊命令等の規定が整備された。特に知事許可漁業の手続は大臣許可漁業の規定を準用する形で規定されたため、漁業者等が一連の手続や規制の内容について適切に理解できるよう、法に規定されている条項についても規則例に確認的に記載された。

⑶　近年、漁業関係法令違反(いわゆる密漁)が問題となっていることを受け、法において、罰則が引き上げられるなど、全体として密漁対策が強化された。この法の趣旨を踏まえ、都道府県の規則についても、海面の規則と内水面の規則が分かれていると、それぞれの規則の適用範囲が不明確であり、特に河口付近における密漁について取締り上の疑義が生じる場合があることなどから、都道府県漁業調整規則例及び都道府県内水面漁業調整規則例を統合し、新たに漁業調整規則例が制定された。

⑷　密漁対策の強化に伴い、特定水産動植物の採捕禁止違反の罪、密漁品流通

の罪が新設され、特定水産動植物の採捕が原則として禁止された。ただし、漁業権、漁業の許可等に基づく採捕のほか、試験研究、教育実習のために農林水産大臣又は都道府県知事の許可を受けて採捕することは可能とされている。この許可は、漁業調整規則例第50条の試験研究等の適用除外の許可ではないことから、漁業法施行規則（令和２年農林水産省令第47号）第42条第１項に基づく許可が受けられるよう、特定水産動植物採捕許可事務処理要領（令和２年10月26日付け水産庁長官通知）（付録のⅢを参照）が制定された。

(5)　報告事項や様式については、今後の電子化に柔軟に対応できるよう様式は定めず、報告事項を定めるものとするとともに、自治事務である漁業権関連の内容は削除された。

2　都道府県の規則の性質

漁業法は、特定の処分等について、全国一律の省令ではなく、各都道府県の規則で「定められる」としている。

これは、都道府県ごとに、操業実態、漁業調整の実態が異なり得ることを踏まえたものであり、法律の委任を受けているからこそ、都道府県の規則として定められるものであり、その規定に効力が認められるのである。

したがって、都道府県の規則の規定は、法律の委任の範囲内でなければならず、法律の趣旨を逸脱することはできない。

3　都道府県漁業調整規則例の規定方針

全国統一的に一定の水準を確保するため、水産庁により、従来から都道府県漁業調整規則例（及び都道府県内水面漁業調整規則例）が作成されてきた。

平成30年の法改正を踏まえて、規則例についても見直しが行われたが、新たな規則例には、法定化された知事許可漁業の許可手続、停泊命令等の規定について、一連の手続や規制の内容について漁業者等が適切に理解できるよう、法に規定されている条項についても確認的に記載されている。

法律の規定が確認的に記載されている部分については、規則に委任されているものではないため、規則において法律と異なる定めをすることはできない。また、法律と異なる規定を定めることにより、条文解釈に差異が生じることがないようにしなければならない。

このため、新たな規則例は、上位法令の趣旨と異なることがないよう、また、上位法令と条文解釈に差異が生じることがないように規定されている。

4　各都道府県の規則

法律の規定により、各都道府県の規則で「定められる」とされる部分については、都道府県ごとに、操業実態、漁業調整の実態等を踏まえ、必要に応じて規定するものである。

しかし、都道府県ごとに実態に応じて定める規定についても、あくまで法律の委任を受けて定めるものであることからすると、文言解釈が異なる表現や、実際の運用において漁業法及び政省令との整合性が問われるものは規定すべきでない。

5　海区漁業調整委員会又は内水面漁場管理委員会の意見の聴取及び農林水産大臣の認可

都道府県知事は、規則を制定し、又は改廃しようとするときは、海区漁業調整委員会又は内水面漁場管理委員会の意見を聴き（法第57条第６項、第119条第８項、第171条第４項、水産資源保護法（昭和26年法律第313号）第４条第５項）、さらに農林水産大臣の認可を受けなければならない（法第57条第６項、第119条第７項、水産資源保護法第４条第６項）。

これは、我が国周辺の水面の総合的な利用を図るためには、都道府県の管轄する水域についても全国的な観点から調整を図る必要があることから定められたものである。すなわち、漁業は複数の都道府県の管轄する水域をまたがって営まれることも多く、漁獲対象も都道府県の管轄する水域をまたいで移動することが多い。さらに、水面における都道府県の境界が画定していない場合も多い。一方、規則に定められる内容は、広域的な資源管理に影響を及ぼし、また、複数の都道府県の間の漁業調整問題を招くおそれがあるものである。そこで、関係海区漁業調整委員会又は内水面漁場管理委員会の意見を聴くとともに、農林水産大臣の認可を要することとすることで、その調整を図ることとしているのである。

農林水産大臣による都道府県漁業調整規則の認可の基準については、以下のとおりである（都道府県漁業調整規則の認可の基準及び標準処理期間について（令和２年５月28日付け２水管第328号水産庁長官通知））。

①　漁業生産力の適正な発展に支障を及ぼすものではないと認められるもの。

② 当該申請に係る都道府県の区域を超えた広域的な見地から、水産資源の保存及び管理、漁場の使用に関する紛争の防止及び解決並びに水産資源の保護培養の観点において支障がないと認められるもの。

③ 不当に義務を課し、又は権利を制限すると認められる規定を有しないもの。

④ 漁業取締り及び水産資源の保護培養の実効性を考慮したものであるもの。

⑤ 漁業法、水産資源保護法又はこれらの法律に基づく命令の規定に適合しないと認められる規定を有せず、かつ、それらの文言との関係で解釈について疑義が生じない明確なもの。

なお、農林水産大臣の認可に当たっては、正式に認可申請をする前に水産庁に対して事務的な事前協議をすることになっている（注1）。これは、認可申請をしてその内容が不適当で不認可になるような場合は再び海区漁業調整委員会を開いて諮問をやり直し、改正の時期を失するような弊害を避けるためである。

6　事務の性質

農林水産大臣の認可を要することと同様の趣旨から、知事許可漁業、法第119条第１項若しくは第２項又は水産資源保護法第４条第１項の規則の規定により都道府県知事が処理することとされている事務は、地方自治法（昭和22年法律第67号）第２条第９項第１号の第１号法定受託事務（注2）として整理されている（法第187条第１号、地方自治法第２条第10項）。

注１：都道府県漁業調整規則の改正手続については、都道府県漁業調整規則を改正する認可申請に対し、その内容が不適当であったり、又は改正規則の施行期日の切迫等の関係で、水産庁で充分検討する時間がない等円滑な認可手続を行うことができないという事態が生じることがあったことから、事前に、水産庁所管課に下打合せ（なるべく文書による）を行った後に認可申請書を提出することとし、また、改正規則の施行期日が限定されているものについては、相当早目に申請書を提出するよう水産庁から示されている。

注２：地方自治法（昭和22年法律第67号）

第二条

９　この法律において「法定受託事務」とは、次に掲げる事務をいう。

一　法律又はこれに基づく政令により都道府県、市町村又は特別区が処理することとされる事務のうち、国が本来果たすべき役割に係るものであつて、国においてその適正な処理を特に確保する必要があるものとして法律又はこれに基づく政令に特に定めるもの（以下「第一号法定受託事務」という。）

二　法律又はこれに基づく政令により市町村又は特別区が処理することとされる

事務のうち、都道府県が本来果たすべき役割に係るものであつて、都道府県においてその適正な処理を特に確保する必要があるものとして法律又はこれに基づく政令に特に定めるもの（以下「第二号法定受託事務」という。）

10　この法律又はこれに基づく政令に規定するもののほか、法律に定める法定受託事務は第一号法定受託事務にあつては別表第一の上欄に掲げる法律についてそれぞれ同表の下欄に、第二号法定受託事務にあつては別表第二の上欄に掲げる法律についてそれぞれ同表の下欄に掲げるとおりであり、政令に定める法定受託事務はこの法律に基づく政令に示すとおりである。

第１章　総則

第１条　目的

> （目的）
> 第一条　この規則は、漁業法（以下「法」という。）、水産資源保護法その他漁業に関する法令と相まって、○○県における水産資源の保護培養及び漁業調整を図り、もって漁業生産力を発展させることを目的とする。

Ⅰ　趣旨

本条は、この規則の目的を定めたものである。この規則の解釈、適用、運用等を行うに当たっては、この目的で示されたところが基本となる。

Ⅱ　解説

平成30年改正によって、法の目的規定（法第１条）が全面的に改正され、我が国の漁業が水産物を国民に供給するという極めて重要な使命を担っていることを踏まえ、その使命を確実に果たすために漁業生産力の発展を目指す制度であるとの趣旨が法目的で明確に規定された。

規則は、法の委任を受けて定めるものであることから、本条は、法の究極的な目的である「漁業生産力の発展」が規則においても究極的な目的であることを明らかにしている。

また、制定文にもあるように、規則は法第57条第１項、法第119条第１項若しくは第２項又は水産資源保護法第４条第１項に基づき定めるものであるが、法第57条第１項、法第119条第１項若しくは第２項は「漁業調整」を目的として（注１、２）、水産資源保護法第４条第１項は「水産資源の保護培養」を目的として（注３）規則を定めることができるとしている。そこで、これらの委任を受けて定める規則においても、その旨を明確化するため、「水産資源の保護培養及び漁業調整を図り」と規定している。

注1：漁業法

第五十七条　大臣許可漁業以外の漁業であつて農林水産省令又は規則で定めるものを営もうとする者は、都道府県知事の許可を受けなければならない。

4　第一項の規則は、都道府県知事が漁業調整のため漁業者又はその使用する船舶等について制限措置を講ずる必要があると認める漁業について定めるものとする。

注2：漁業法

第百十九条　農林水産大臣又は都道府県知事は、漁業調整のため、特定の種類の水産動植物であつて農林水産省令若しくは規則で定めるものの採捕を目的として営む漁業若しくは特定の漁業の方法であつて農林水産省令若しくは規則で定めるものにより営む漁業（水産動植物の採捕に係るものに限る。）を禁止し、又はこれらの漁業について、農林水産省令若しくは規則で定めるところにより、農林水産大臣若しくは都道府県知事の許可を受けなければならないこととすることができる。

2　農林水産大臣又は都道府県知事は、漁業調整のため、次に掲げる事項に関して必要な農林水産省令又は規則を定めることができる。

一～四　（略）

注3：水産資源保護法

第四条　農林水産大臣又は都道府県知事は、水産資源の保護培養のために必要があると認めるときは、次に掲げる事項に関して、農林水産省令又は規則を定めることができる。

一～三　（略）

第２条　県内に住所を有しない者の申請

（県内に住所を有しない者の申請）
第二条　県内に住所を有しない者は、第八条第一項、第三十二条第二項又は第三十四条第三項の申請書を知事に提出しようとする場合には、その住所の所在する都道府県の知事の意見書を添えなければならない。

Ⅰ　趣旨

本条は、県内に住所を有しない者が申請をする際に、その住所の所在する都道府県の知事の意見書を添えなければならない旨を定めたものである。

Ⅱ　解説

規則は、当該都道府県知事が管轄する水面に対して属地的に適用される。このため、他の都道府県の住民であっても当該都道府県知事が管轄する水面で当該都道府県の知事許可漁業を営む場合や水産動植物を採捕する場合は、当該規則に定められた規定に従い、当該都道府県知事に対して許可の申請をすることができる。

しかし、この場合、他の都道府県に住所を有する者については、許可をするか否かの判断に必要な情報について、当該都道府県知事は十分に調査をすることができない。

そこで、その者が住所を有する都道府県の知事の意見書を添えなければならないとしているのである。

第３条　代表者の届出

（代表者の届出）
第三条　法第五条第一項の規定による代表者の届出は、次に掲げる事項を記載した届出書を提出して行うものとする。
一　申請者の氏名及び住所（法人にあっては、その名称、代表者の氏名及び主たる事務所の所在地）
二　代表者として選定された者の氏名及び住所（法人にあっては、その名称及び主たる事務所の所在地）

【参考】法の規定

（共同申請）
法第五条　この法律又はこの法律に基づく命令に規定する事項について共同して申請しようとするときは、そのうち一人を選定して代表者とし、これを行政庁に届け出なければならない。代表者を変更したときも、同様とする。
2　前項の届出がないときは、行政庁は、代表者を指定する。
3　代表者は、行政庁に対し、共同者を代表する。
4　前三項の規定は、共同して第六十条第一項に規定する漁業権又はこれを目的とする抵当権若しくは同条第七項に規定する入漁権を取得した場合に準用する。

Ⅰ　趣旨

本条は、共同申請をしようとするときの代表者の届出（法第５条第１項）について必要な手続を定めたものである。

Ⅱ　解説

法第５条第１項においては、法又は法に基づく命令（政令、農林水産省令及び規則）に規定する事項について、複数の者が共同して申請するときは、そのうち１人を選定して代表者とし、これを行政庁に対し届け出なければならないことされている。これは、行政庁に対する窓口的役割を担わせることにより、申請に係る行政庁の事務を効率的に行うために設けられた規定である。

本条は、この共同申請をしようとするときの代表者の届出の方法を規定したものであり、①申請者の氏名及び住所、②代表者として選定された者の氏名及び住所を記載した届出書を提出して行う旨を定めている。

第２章　漁業の許可

平成30年改正前の法の下では、都道府県知事が許可を行う漁業（以下「知事許可漁業」という。）に関し、許可の基準や適格性など許可の得喪に関する基本的な手続については法律ではなく、改正前の法第65条（現行法の第119条に相当）に基づき都道府県の規則で規定されていた。

しかし、将来にわたって資源管理を適切に行い、漁業生産力を発展させるためには、許可制度をより公正かつ安定的な制度として運用していく必要があり、そのためには、全国統一的な透明性の高い手続とすることが重要である。このことから、平成30年の法改正により、大臣許可漁業の規定を準用する形で知事許可漁業の手続を法定することとされた。

ただし、知事許可漁業については、多種多様な漁業が営まれており、全ての種類の知事許可漁業について一律に大臣許可漁業の規定を適用することは漁業及び管理の実態にそぐわない。このため、各都道府県の実情に応じて、規則において対応することができるよう、一部の規定（生産性に関する欠格事由及びその勧告等（法第41条第６号、第53条、第54条第２項第２号）、新規の許可等の申請期間の特例措置（法第42条第２項、３項ただし書）、継続許可及び承継許可（法第45条第１号、第４号）、相続又は法人の合併若しくは分割（法第48条）、公益上の必要による許可等の取消し等（法第55条）に係る規定）については準用しないこととされている。

したがって、これらの規定については、各都道府県の実情から、その必要に応じて、規定することとなり、その目的が漁業調整上の理由であると考えられることから、法第119条第２項に基づき規則に規定することとなる。

ただし、知事許可漁業の手続が法定化されたこと及び知事許可漁業の実態に配慮して大臣許可漁業の手続が一部準用されなかった趣旨に照らすと、規則において法第119条第２項を根拠とする規定を定める場合は、法及び農林水産省令において定められる大臣許可漁業の規定の範囲を超えた規定とすることは適当ではない。

第４条　知事による漁業の許可

（知事による漁業の許可）

第四条　法第五十七条第一項の農林水産省令で定める漁業のほか、次に掲げる漁業を営もうとする者は、同項の規定に基づき、知事の許可を受けなければならない。

一　もじゃこ漁業　海面においてもじゃこ（全長十五センチメートル以下のぶりをいう。）をとることを目的とする漁業（中型まき網漁業を除く。）

二　うなぎ稚魚漁業　うなぎの稚魚（全長十三センチメートル以下のうなぎをいう。）をとることを目的とする漁業

三　しじみ漁業　内水面においてじょれんによりしじみをとることを目的とする漁業（小型機船底びき網漁業を除く。）

四　さんご漁業　海面においてさんごをとることを目的とする漁業

五　小型まき網漁業　海面において総トン数五トン未満の船舶を使用して小型まき網により行う漁業（第一号に掲げるもじゃこ漁業を除く。）

六　機船船びき網漁業　海面において機船船びき網により行う漁業（第一号に掲げるもじゃこ漁業を除く。）

七　ごち網漁業　海面においてごち網により行う漁業

八　刺し網漁業　海面において刺し網により行う漁業（次号に掲げる固定式刺し網漁業を除く。）

九　固定式刺し網漁業　海面において固定式刺し網により行う漁業

十　いるか突棒漁業　海面においているか突棒により行う漁業

十一　さけ・ますはえ縄漁業　海面において総トン数十トン以上の動力漁船を使用してさけ・ますはえ縄により行う漁業

十二　しいらづけ漁業　海面においてしいらづけにより行う漁業（中型まき網漁業を除く。）

十三　たこつぼ漁業　海面においてたこつぼにより行う漁業

十四　潜水器漁業　海面において潜水器（簡易潜水器を含む。）により行う漁業

十五　地びき網漁業　海面において地びき網により行う漁業

十六　小型定置網漁業　海面において小型定置網により行う漁業
十七　ふくろ網漁業　内水面においてふくろ網により行う漁業（第二号に掲げるうなぎ稚魚漁業を除く。）
2　前項の許可は、法第五十七条第一項の農林水産省令で定める漁業又は前項第一号若しくは第三号から第十三号までに掲げる漁業にあっては当該漁業ごと及び船舶等ごとに、その他の漁業にあっては当該漁業ごとに受けなければならない。

【参考】法の規定

（都道府県知事による漁業の許可）
法第五十七条　大臣許可漁業以外の漁業であつて農林水産省令又は規則で定めるものを営もうとする者は、都道府県知事の許可を受けなければならない。
2　前項の農林水産省令は、都道府県の区域を超えた広域的な見地から、農林水産大臣が漁業調整のため漁業者又はその使用する船舶等について制限措置を講ずる必要があると認める漁業について定めるものとする。
3　農林水産大臣は、第一項の農林水産省令を制定し、又は改廃しようとするときは、水産政策審議会の意見を聴かなければならない。
4　第一項の規則は、都道府県知事が漁業調整のため漁業者又はその使用する船舶等について制限措置を講ずる必要があると認める漁業について定めるものとする。
5　都道府県知事は、第一項の規則を制定し、又は改廃しようとするときは、関係海区漁業調整委員会の意見を聴かなければならない。
6　都道府県知事は、第一項の規則を制定し、又は改廃しようとするときは、農林水産大臣の認可を受けなければならない。
7　農林水産大臣は、第一項の農林水産省令で定める漁業について、都道府県の区域を超えた広域的な見地から、次に掲げる事項を定めることができる。
一　当該漁業について都道府県知事が許可をすることができる船舶等の数
二　農林水産大臣があらかじめ指定した水域において都道府県知事が許

　　可をすることができる船舶等の数
　三　その他農林水産省令で定める事項
8　農林水産大臣は、前項の事項を定めようとするときは、関係都道府県知事の意見を聴かなければならない。
9　都道府県知事は、第七項の規定により定められた事項に違反して第一項の許可をしてはならない。

Ⅰ　趣旨

本条は、都道府県知事の許可を必要とする知事許可漁業のうち、法第57条第１項により規則で定めることとされているものを定めたものである。

「許可を受けなければならない」との規定は、分かりやすさの観点から、法第57条第１項の規定を確認的に記載している部分であり、許可の根拠規定は法第57条第１項となる。

Ⅱ　解説

１　都道府県知事による漁業の許可（第１項）

法第57条第１項において、漁業法の目的を達成するため、漁業調整のため漁業者又はその使用する船舶等について制限措置を講ずる必要があると認める漁業を農林水産省令又は規則で定め（知事許可漁業）、この知事許可漁業を営もうとする者は、都道府県知事の許可を受けなければならないこととされている。

原則として、都道府県の地先沖合において操業される漁業であって、その経営規模からみて、個別的・具体的に地域の実情に応じて管理を行うべき漁業については、都道府県知事の裁量に任せることが適当である。しかし、このような漁業であっても、資源の保存及び管理の必要性、大臣許可漁業（注１）や他の都道府県の漁業との制度的な整合性を確保するなどの漁業調整上の理由から、規制の内容を各都道府県知事の判断のみに委ねることが適切でない漁業がある。

そこで、都道府県知事による許可制により管理する知事許可漁業は、農林水産大臣が農林水産省令で定めるものと都道府県知事が規則で定めるものに分けられている。

(1)　農林水産省令で定める知事許可漁業

農林水産省令で定める知事許可漁業は、都道府県の区域を超えた広域的な見地から、農林水産大臣が漁業調整のため漁業者又はその使用する船舶等について制限措置を講ずる必要があると認める漁業である（法第57条第２項）。具体的には、中型まき網漁業、小型機船底びき網漁業、瀬戸内海機船船びき網漁業及び小型さけ・ます流し網漁業が農林水産省令で定められている（漁業の許可及び取締り等に関する省令（昭和38年農林省令第５号）第70条）。

農林水産省令で定める知事許可漁業については、農林水産大臣は、都道府県の区域を超えた広域的な見地から、次に掲げる事項を定めることができる。

①　当該漁業について都道府県知事が許可をすることができる船舶等の数（法第57条第７項第１号）

②　農林水産大臣があらかじめ指定した水域において都道府県知事が許可をすることができる船舶等の数（法第57条第７項第２号）

③　当該漁業について都道府県知事が許可をすることができる船舶の合計総トン数（漁業の許可及び取締り等に関する省令第71条第１号）

④　当該漁業について都道府県知事が許可をすることができる船舶の合計馬力数の最高限度（漁業の許可及び取締り等に関する省令第71条第２号）

⑤　農林水産大臣があらかじめ指定した水域において都道府県知事が許可をすることができる船舶の総トン数（漁業の許可及び取締り等に関する省令第71条第３号）

⑥　農林水産大臣があらかじめ指定した水域において都道府県知事が許可をすることができる船舶の馬力数の最高限度（漁業の許可及び取締り等に関する省令第71条第４号）

現時点においては、中型まき網漁業について、漁業法第57条第７項第１号の都道府県知事が許可をすることができる船舶の隻数を定める件が定められている（令和２年11月16日農林水産省告示第2229号）。また、瀬戸内海機船船びき網漁業について、漁業の許可及び取締り等に関する省令第71条第４号の農林水産大臣があらかじめ指定した水域において都道府県知事が許可をすることができる船舶の馬力数の最高限度を定める件が定められている（令和２年11月16日農林水産省告示第2230号）。

農林水産省令で定める知事許可漁業について許可をなしうる権限を有する都道府県知事とは、当該漁業の操業区域を管轄する都道府県知事を指し、当該海域を管轄しない都道府県知事（漁業者の漁業根拠地のみを管轄する都道府県知事など）を包含するものではない（注２）。

農林水産大臣は、このような知事許可漁業の種類を農林水産省令で定め、又は改廃しようとする時は、水産政策審議会の意見を聴かなければならず（法第57条第１項）、都道府県の区域を超えた広域的な見地から都道府県知事が許可をすることができる船舶等の数等を定めようとする時は、関係都道府県知事の意見を聴かなければならない（法第57条第８項）。都道府県知事は、農林水産大臣が定めた事項に違反して知事許可漁業の許可をしてはならない（法第57条第９項）。これらの規定は、農林水産大臣が円滑に漁業調整を行うために設けられた規定である。

⑵　都道府県の規則で定める知事許可漁業

都道府県の規則で定める知事許可漁業は、都道府県知事が漁業調整のため漁業者又はその使用する船舶等について制限措置を講ずる必要があると認める漁業である（法第57条第４項）。具体的には、各都道府県の実情に応じ、都道府県知事が規則で定めることとなる。

大臣許可漁業（注１）は「船舶により行う漁業」との限定があるが、知事許可漁業は、船舶を用いない漁業についても知事許可漁業として定めることができる。このため、「船舶」ではなく「船舶等」とされている。「船舶等」とは、船舶その他の漁業の生産活動を行う基本的な単位となる設備をいい（法第８条第３項）、小型定置網等がある。

都道府県知事は、規則で知事許可漁業を定めようとするときは、関係海区漁業調整委員会の意見を聴かなければならない（法第57第５項）。また、都道府県知事は、知事許可漁業を規則で定め、又は改廃しようとするときは、農林水産大臣の認可を受けなければならない（序章の５を参照）。これは、規則において知事許可漁業として許可制の対象とすること等により、広域的な見地から資源管理を適切に行うとともに、大臣許可漁業や他の都道府県の漁業及び漁業者との制度的な整合性を確保する必要があることから特に規定されたものである。

⑶　規則例における知事許可漁業の例示について

規則で定める知事許可漁業の例は、本条（規則例第４条）に列記されており、主要な知事許可漁業を例示するという観点から定められている。

特に、うなぎ稚魚漁業（規則例第４条第１項第２号）については、平成30年の法改正により、特定水産動植物の採捕が禁止され（法第132条）、違反した者に対しては３年以下の懲役又は3,000万円以下の罰金に処することとされたことに対応したものである。すなわち、特定水産動植物としてうなぎの稚魚（全長13センチメートル以下のうなぎをいう。）が指定され（漁業法施行規則第41条第１号）、適法に採捕するためには許可等が必要であることから、知事許可漁業の対象としたものである。

大臣許可漁業と異なり、「機船船びき網により」といったように「漁法により」という規定ぶりとしているが、これは、例えば、刺し網と固定式刺し網等、漁具の外見だけでは区分が難しい場合があるためであり、「漁具を使用して」という規定ぶりとはしていない。

なお、法第57条第１項において都道府県知事による許可制の対象とする漁業は、「大臣許可漁業以外の漁業」とされているため、法において知事許可漁業から大臣許可漁業が除かれている。このため、大臣許可漁業（注１）と同種の水産動植物をとる漁業や同様の漁具、漁法による漁業等を知事許可漁業とする場合であっても、規則において規則で定める知事許可漁業の定義から大臣許可漁業を除く必要はなく、当然に大臣許可漁業との重複は生じない。

２　第２項

知事許可漁業の許可は、①漁業ごと及び船舶等ごとに受けなければならないものと、②漁業ごとに受けなければならないものとに分けられる。これは、「船舶により行う漁業」に限定されている大臣許可漁業と異なり、知事許可漁業には、船舶を使用しない漁業や船舶ごとに許可を受けることが適当でない漁業も存在するため、分けて規定しているものである。

３　罰則

法第57条第１項の規定に違反して知事許可漁業を営んだ者に対する罰則は、法に規定されており、３年以下の懲役又は300万円以下の罰金に処される（法第190条第３号）。また、没収規定（法第192条）、併科規定（法第194条）及び両罰規定（法第197条）についても適用がある。

４　用語の解説

⑴　「漁業」

「漁業」とは、水産動植物の採捕又は養殖の事業をいう（法第２条第１項）。

① 「水産動植物」

「水産動植物」とは、魚類、貝類、藻類、鯨その他の海獣類、いか類、かに類、えび類等水中に産出する動物及び植物一切をいう。水産動物は水中にのみ棲《せい》息するものに限らず蛙のような両生類も含み、さんご、海綿《かいめん》のような漁業の対象たる水産動植物の遺骸も含む。

水産動植物の範囲は、生物学上の分類が実質上重要な基準になるが、我が国における一般通念によっても決められる。

② 「採捕」

自然的状態にある水産動植物を人の所持その他事実上の支配下に移す行為をいう。

「人の所持その他事実上の支配下に移す行為」であれば足り、その行為の結果として水産動植物を必ずしも所持する必要はない。なお、漁業法及びこれに基づく政省令においては、具体の水産動植物を採捕対象とする場合、「採捕」を「とる」と表現していることから、知事許可漁業の定義においては「とる」が使用されている。

③ 「養殖」

収穫の目的をもって、人工手段を加え水産動植物の発生又は成育を積極的に増進し、その個体の数又は量を増加させる行為をいう。

養殖と類似する概念として「増殖」（法第168条）があるが、増殖とは、人工ふ化放流、稚魚又は親魚の放流、産卵床造成等の積極的人為手段により採捕の目的をもって水産動植物の数及び個体の重量を増加させる行為をいい、養殖ほどの高度の人為的管理手段は必要としない。

また、「畜養」とは、市場出荷、飼料用その他の目的のため、水産動植物を短期間一定の場所に保存することをいう。

④ 「事業」

ある行為を反復継続することをいう。事業を行うに当たっては、教育目的、試験研究目的で行われる場合もあるが、事業に営利の目的は必要としない。

(2) 「知事許可漁業を営む」

営利の目的を持って知事許可漁業を行うことをいう。また、「知事許可漁業を営もうとする者」とは、当該知事許可漁業の営業に係る意思決定を行うとともに、営業上の権利義務が帰属する者をいう。

一方、試験研究又は教育のために行う場合は、基本的には営利性を欠くため、これに該当しない。このため、法第57条第１項（規則例第４条第１項）の許可を受ける必要はないが、規則例第32条の特定の漁業に該当する場合は、同条の許可が必要である（規則例第32条の解説を参照）ほか、特定水産動植物を採捕する場合は、漁業法施行規則第42条第１項に基づく農林水産大臣又は都道府県知事の許可が必要である。

(3)「許可」

行政法学上の「許可」に当たり、一般的な禁止（不作為義務）を特定の場合に解除し、適法に一定の行為をすることを得させる行為をいう。すなわち、漁業の許可は、一般的に禁止された漁業を特定の者に対してその禁止を解除して、これを営む自由を得させる行政行為である。「許可」は特定の者に対する解除であるので、賃貸や委託経営などにより当該漁業を営むことは無許可操業となる。このため、共同経営の場合は、許可は共同経営者全員が許可を受けることを要する（注３）。

(4)「漁業調整」

平成30年の法改正により、法における漁業調整の定義が整理され、次の事由のために行われる必要な調整をいうこととされた（法第36条第２項）。規則は法に基づき定めるものであるため、当然にこの定義が適用される。

①　特定水産資源の再生産の阻害の防止

②　特定水産資源以外の水産資源の保存及び管理

③　漁場の使用に関する紛争の防止

注１：大臣許可漁業は、平成30年の法改正において、漁業の種類を政令で定める方法から、大臣許可漁業とすべき漁業の要件を政令で、具体的な漁業の種類を農林水産省令で定める方法に改められ、漁業の許可及び取締り等に関する省令第２条において現在17種類が定められている。

注２：昭和28年４月27日福岡高等裁判所判決【要旨】漁業法第66条の２第１項（現行法第57条第１項及び漁業の許可及び取締り等に関する省令第70条に相当）の規定により同条所定の漁業につき船舶ごとに許可をなし得る権限を有する都道府県知事とは、当該漁業の操業海域を管轄する都道府県知事を排斥し、該海域を管轄しない都道府県知事を包含するものではない。

注３：昭和６年５月28日大審院判決【要旨】大正十年農商務省令第三十一号機船底曳網漁業取締規則第二条第一項ニ依リ機船底曳網漁業ヲ営ムニ付地方長官ノ許可ヲ受クヘキ者ハ該営業ノ主体トシテ其ノ業務ニ従事スル者ナルカ故ニ数人カ共同シテ該漁

業ヲ営ム場合ニ於テハ其ノ各員カ夫々地方長官ノ許可ヲ受クルコトヲ要シ其ノ中一人カ許可ヲ受クルヲ以テ足ルモノニアラス

第５条　許可を受けた者の責務

（許可を受けた者の責務）
第五条　知事許可漁業について許可を受けた者は、資源管理を適切にするために必要な取組を自ら行うとともに、漁業の生産性の向上に努めるものとする。

【参考】法の規定

法第五十八条で準用する法第三十七条　知事許可漁業について第五十七条第一項の許可（以下この節（第四十七条を除く。）において単に「許可」という。）を受けた者は、資源管理を適切にするために必要な取組を自ら行うとともに、漁業の生産性の向上に努めるものとする。

Ⅰ　趣旨

本条は、知事許可漁業の許可を受けた者の責務について定めた法第58条において読み替えて準用する法第37条を確認的に記載したものである。

Ⅱ　解説

知事許可漁業の許可を受けた者は、資源管理を適切にするために必要な取組を自ら行うとともに、漁業の生産性の向上に努めるものとされている。

資源管理については、法第２章の規定に基づいて設定された漁獲可能量による漁獲量の管理を遵守することや、国及び都道府県が行うその他の資源管理上の措置に従うことのほか、法第124条から第127条までの規定に基づく協定の締結等、資源管理を適切にするために主体的な取組を行うことが求められる。

また、知事許可漁業は、漁場の使用に関する紛争の防止等の観点から、許可を受けることができる者の数を限定することがある。このため、知事許可漁業者が、資源管理上認められた数量及び規制措置の範囲内において採捕を継続していくためには、許可漁業者の生産性の向上を図り、意欲のある知事許可漁業者が大宗を占める構造にしていく必要がある。

そこで、許可を受けた者は、資源管理を適切にするために必要な取組を自ら行うとともに、漁業の生産性の向上に努めることが責務として規定されている。

なお、大臣許可漁業の許可を受けた者に対しても同様の責務が定められている（法第37条）。

第６条　起業の認可

> （起業の認可）
> 第六条　許可を受けようとする者であって現に船舶等を使用する権利を有しないものは、船舶等の建造又は製造に着手する前又は船舶等を譲り受け、借り受け、その返還を受け、その他船舶等を使用する権利を取得する前に、船舶等ごとに、あらかじめ起業につき知事の認可を受けることができる。

【参考】法の規定

> 法第五十八条で準用する法第三十八条　許可を受けようとする者であつて現に船舶等を使用する権利を有しないものは、船舶等の建造又は製造に着手する前又は船舶等を譲り受け、借り受け、その返還を受け、その他船舶等を使用する権利を取得する前に、船舶等ごとに、あらかじめ起業につき都道府県知事の認可を受けることができる。

Ⅰ　趣旨

本条は、知事許可漁業に係る起業の認可について定めた法第58条において読み替えて準用する法第38条を確認的に記載したものである。

Ⅱ　解説

１　基本的な考え方

知事許可漁業の許可を受けようとする者が、既に当該漁業に使用する船舶等を使用する権利（以下「船舶等の使用権」という。）を有している場合は、直ちに許可の申請をすることが可能となるが、船舶等の使用権を有していない場合は、船舶等の建造に着手する前又は船舶等を譲り受け、借り受け、その返還を受け、その他船舶等を使用する権利を取得する前に、船舶等ごとに、あらかじめ起業の認可を受けることができることとされている。

新たに知事許可漁業の許可を受けようとする者は、船舶等の使用権を取得していなければならないが、申請時点においては許可を受けることができるかどうかは不確定である。しかしながら、許可を受けることが不確定な状態のままで多額の資本を投下して船舶等の使用権を取得しなければならないとすることは申請者にかかる負担が大きいため、船舶等の使用権がない状態の許可申請者にも、船舶等の使用権を取得しさえすれば確実に許可を受けられる、という保証を与えるために設けられたものである。

このため、起業の「認可を受けることができる」こととされ、許可を受ける前に起業の認可を受けるかどうかは許可を受けようとする者の任意である。

なお、起業の認可の制度としては大臣許可漁業と同様であるが、知事許可漁業については、船舶を使用しない漁業もあり、漁業の生産活動を行う基本的な単位となる設備が船舶に限定されないことから、準用に当たっては、「船舶」ではなく、法第8条第3項の「船舶等」ごとに認可を受けることができるとされている。

2　起業の認可の性質

起業の認可は、「認可」という用語が用いられている(注)が、これは行政法学上の「条件付き許可」であり、法的に許可を受けるに必要な許可の要件のうち船舶等の使用権に係るものを除く全ての要件を充足していることを確認する行政庁の行為である。起業の認可を受けた者は、船舶等の使用権の取得という条件の成就を前提に申請により許可を受けることができる（規則例第7条第1項）。

3　「船舶等を譲り受け、借り受け、その返還を受け」

「船舶等を譲り受け、借り受け、その返還を受け」は、「船舶等を使用する権利を取得」の例示である。「船舶等を使用する権利」とは、船舶等の使用権という個別の権利があるわけではなく、法律関係に基づいて船舶等を使用できることをいう。

4　起業の認可の要件

起業の認可を受けるためには、本条及び第9条に定める要件を満たさなければならない。すなわち、

① 現に船舶等を使用する権利を有しない者であること。

「現に船舶等を使用する権利を有しない」とは、申請時において船舶等の使用権がないことである。これには、現在許可を受けている者が、その

許可を受けた船舶等の使用を廃止して他の船舶等を建造しようとする場合や、ある船舶等について許可の申請中に当該船舶等が滅失し又は沈没した場合も含まれる。たまたま起業の認可を受ける時に船舶等の使用権を取得していたとしても、そのことだけをもって受けた認可が無効になるとは解されない。

② 船舶等の建造に着手する前又は船舶等を譲り受け、借り受け、その返還を受け、その他船舶を使用する権利を取得する前であること。

「船舶等の建造に着手する前」とは、建造に着手する前にも起業の認可を受けることができるという意味であって、建造の着手前でなければならないという意味ではない。このため、建造に着手した後であっても実際に船舶等を使用する権利を有するより前であれば起業の認可を受けることができる。

③ 規則例第９条第１項各号のいずれかに該当しないこと。具体的内容については、規則例第９条第１項の解説を参照のこと。

注　：行政法学上「認可」とは、第三者の行為を補充してその法律上の効力を完成せしめる行為をいう。漁業権行使規則（法第106条）の都道府県知事の認可などはこれに当たる。

第７条

第七条　前条の認可（以下「起業の認可」という。）を受けた者がその起業の認可に基づいて許可を申請した場合において、申請の内容が認可を受けた内容と同一であるときは、知事は、第九条第一項各号のいずれかに該当する場合を除き、許可をしなければならない。

２　起業の認可を受けた者が、認可を受けた日から知事の指定した期間内に許可を申請しないときは、起業の認可は、その期間の満了の日に、その効力を失う。

【参考】法の規定

法第五十八条で準用する法第三十九条　前条の認可（以下この節において「起業の認可」という。）を受けた者がその起業の認可に基づいて許可を申請した場合において、申請の内容が認可を受けた内容と同一であるときは、都道府県知事は、次条第一項各号のいずれかに該当する場合を除き、許可をしなければならない。

２　起業の認可を受けた者が、認可を受けた日から都道府県知事の指定した期間内に許可を申請しないときは、起業の認可は、その期間の満了の日に、その効力を失う。

Ⅰ　趣旨

本条は、起業の認可と知事許可漁業の許可の関係について定めた法第58条において読み替えて準用する法第39条を確認的に記載したものである。

Ⅱ　解説

１　第１項

都道府県知事は、起業の認可を受けた者がその起業の認可に基づいて知事許可漁業の許可を申請した場合においては、申請の内容が起業の認可を受けた内容と同一であるときは、規則例第９条第１項各号（許可又は起業の認可をしない場合）のいずれかに該当する場合を除いて、許可をしなければならない。

「同一」とは、規則例第11条第１項の規定により定められる制限措置の内容と同一である、ということである。例えば、制限措置のうち、船舶の総トン数については、制限措置が総トン数そのものではなく、幅のある総トン数階層が公示されている場合、総トン数が増減していたとしても、当該総トン数階層と同一の区分にとどまっているときは、「同一」であるとして扱うこととなる。

なお、大臣許可漁業については、平成30年の法改正による改正法の施行日(令和2年12月1日)時点、全ての漁業の種類において「許可又は認可を受けた際の総トン数」が制限措置として定められているため、総トン数の増減がある場合は「同一」として扱われない。

2　第2項

起業の認可は、現に船舶等の使用権を有しない漁業者が使用権を得ることを前提に条件が満たされた場合には許可をすることを担保することで、漁業者の負担を減少させることを立法趣旨としているため、認可を受けた者が都道府県知事の指定した期間内に許可を申請しないときは効力を失うこととされている。

第８条　許可又は起業の認可の申請

（許可又は起業の認可の申請）

第八条　許可又は起業の認可を受けようとする者は、法第五十七条第一項の農林水産省令で定める漁業又は第四条第一項第一号若しくは第三号から第十三号までに掲げる漁業にあっては当該漁業ごと及び船舶等ごとに、その他の漁業にあっては当該漁業ごとに、次に掲げる事項を記載した申請書を知事に提出しなければならない。

一　申請者の氏名及び住所（法人にあっては、その名称、代表者の氏名及び主たる事務所の所在地）

二　知事許可漁業の種類

三　操業区域、漁業時期、漁獲物の種類及び漁業根拠地

四　漁具の種類、数及び規模

五　使用する船舶の名称、漁船登録番号、総トン数並びに推進機関の種類及び馬力数

六　その他参考となるべき事項

２　知事は、前項の申請書のほか、許可又は起業の認可をするかどうかの判断に関し必要と認める書類の提出を求めることができる。

Ⅰ　趣旨

本条は、許可又は起業の認可を受けるための申請手続について規定したものである。農林水産省令で定める知事許可漁業についても、規則で定める知事許可漁業についても、本条の定めるところにより許可又は起業の認可の申請をすることになる。

Ⅱ　解説

１　「許可」の意義

規則における「許可」とは、法第57条第１項の規定に基づく農林水産省令で定める漁業又は規則で定める漁業の許可をいう。法第58条において準用する法第37条に定義がされているため、法の委任を受けて定める規則においては当然にこの定義が適用される。

したがって、許可又は起業の認可（以下「許可等」という。）の申請手続を含め、規則に定められた許可等の実施に必要な規定については、規則で定める知事許可漁業のみならず、農林水産省令で定める漁業にも適用される。

なお、知事許可漁業の許可等の手続や実施に関し必要な事項は、農林水産省令でも定めることができる（法第59条）。これは、知事許可漁業についても全国で統一的に定めることが適当な事項もあり得ることから規定されたものであるが、現時点においてはそのような事項はないため、農林水産省令に定められた許可等の手続等はない。

２　申請の単位

⑴　「漁業ごと及び船舶等ごと」に許可等を要する漁業

「漁業ごと及び船舶等ごと」に許可等を要する漁業（規則例第４条第２項）について許可等の申請をする場合は、当該漁業ごと及び船舶等ごとに申請書を都道府県知事に提出しなければならない。

「漁業ごと」とは、例えば、同一の船舶で刺し網漁業と固定式刺し網漁業を行う場合であっても、それぞれ別の申請書を提出する必要があるということである。

「船舶等ごと」とは、例えば、ある漁業を２隻の船舶を使用して行う場合であっても、それぞれ別の申請書を提出する必要があるということである。

⑵　「その他の漁業」

「その他の漁業」について許可等の申請をする場合は、当該漁業ごとに申請書を都道府県知事に提出しなければならない。

漁業ごと及び船舶等ごとに許可を受ける必要のある漁業以外の漁業が「その他の漁業」とされるため、仮に船舶を使用する漁業でも、規則例第４条第２項において「その他の漁業」とされた場合は、何隻の船舶を使用しようと申請書は１枚でよいこととなる。

３　申請事項（第１項）

行政の電子化推進及び各都道府県の行政実務の実態に合わせて柔軟に対応できるよう、規則例においては、申請書の様式ではなく、申請事項が定められている。

4　その他必要な書類（第２項）

許可は、法によって認められた許可権限に基づいて都道府県知事が一方的に国民の権利義務を決定する重大なものであることから、公平かつ実態に即した判断をすることが強く求められる。

そこで、本項は、このような許可をするか否かの判断ができるよう、その判断に必要な書類を求めることができることとしている。このような趣旨を踏まえると、許可の申請書の他に提出を求める可能性のある書類としては、法人の場合の登記事項証明書、事業計画書、定款等があり得る。

一方、法に基づく許可権限を有する都道府県知事以外の主体の意思により許可をするか否かが決せられるような運用は、法律による行政の原理に反するため、厳に慎まなければならない。したがって、例えば、漁協の同意書を必要な添付書類であるとして、これがなければ申請を受け付けない、これのみにより許可をするか否かの判断をするといった運用は適切ではない。

第９条　許可又は起業の認可をしない場合

（許可又は起業の認可をしない場合）

第九条　次の各号のいずれかに該当する場合は、知事は、許可又は起業の認可をしてはならない。

一　申請者が次条第一項に規定する適格性を有する者でない場合

二　その申請に係る漁業と同種の漁業の許可の不当な集中に至るおそれがある場合

２　知事は、前項の規定により許可又は起業の認可をしないときは、関係海区漁業調整委員会の意見を聴いた上で、当該申請者にその理由を文書をもって通知し、公開による意見の聴取を行わなければならない。

３　前項の意見の聴取に際しては、当該申請者又はその代理人は、当該事案について弁明し、かつ、証拠を提出することができる。

【参考】法の規定

法第五十八条で準用する法第四十条　次の各号のいずれかに該当する場合その他規則で定める場合は、都道府県知事は、許可又は起業の認可をしてはならない。

一　申請者が次条第一項に規定する適格性を有する者でない場合

二　その申請に係る漁業と同種の漁業の許可の不当な集中に至るおそれがある場合

２　都道府県知事は、前項の規定により許可又は起業の認可をしないときは、あらかじめ、当該申請者にその理由を文書をもつて通知し、公開による意見の聴取を行わなければならない。

３　前項の意見の聴取に際しては、当該申請者又はその代理人は、当該事案について弁明し、かつ、証拠を提出することができる。

Ⅰ　趣旨

本条は、知事許可漁業の許可又は起業の認可をしない場合について定めた法第58条において読み替えて準用する法第40条を確認的に記載したものである。

Ⅱ　解説

1　不許可又は不認可事由（第１項）

第１項各号のいずれかに該当する場合は、都道府県知事は、知事許可漁業の許可又は起業の認可（以下「許可等」という。）をしてはならない。

(1)　申請者が適格性を有する者でない場合（第１号）

適格性については、規則例第10条の解説を参照のこと。

(2)　その申請に係る漁業と同種の漁業の許可の不当な集中に至るおそれがある場合（第２号）

特定の者に対して合理的な理由もないのに、許可が独占的に集中し、漁業生産力の発展が妨げられるような場合をいうが、同種漁業の許可等の状況、他の申請者の状況、申請者の経営内容を総合的に判断して決めるべきものである。

(3)　その他規則で定める場合

法第58条の「必要な技術的読替え」として、漁業法施行令（昭和25年政令第30号）第７条において、読替え規定が置かれており（注）、不許可又は不認可事由（以下「不許可等事由」という。）を必要に応じて規則において規定することができるように手当てされている。

もっとも、不許可又は不認可は、重大な処分であることから、安易に不許可等事由を拡大することは適当でないため、漁業関係法令に違反して国際的に我が国の信用を失墜させる場合等に限られる。

したがって、規則例においては法に定める不許可等事由以外は定められていない。

2　公開による意見聴取（第２項・第３項）

申請により求められた許可等を拒否することは、許可等を求めた者にとっては、対象となる知事許可漁業を営むことができないという重大な処分となることから、行政手続法（平成５年法律第88号）の規定にかかわらず、都道府県知事は、あらかじめ、その理由を文書をもって通知し、公開の意見聴取を行うことが義務付けられている。

3　海区漁業調整委員会の意見の聴取（第2項）

法においては、本条により許可又は起業の認可をしない場合、海区漁業調整委員会の意見を聴くことは義務付けられていない。しかし、申請者にとっては経営や他の許可にも影響を及ぼす重大な処分となり得ることから、必要に応じて、都道府県規則において海区漁業調整委員会の意見を聴くことを義務付けることは可能である。規則例第9条第2項は、その場合の規定ぶりを示したものとなっている。

注　：漁業法施行令

（知事許可漁業の許可に関する技術的読替え）

第七条　法第五十八条において読み替えて準用する法第四十条第一項の規定については、同項中「該当する場合」とあるのは、「該当する場合その他規則で定める場合」と読み替えるものとする。

第10条　許可又は起業の認可についての適格性

（許可又は起業の認可についての適格性）

第十条　許可又は起業の認可について適格性を有する者は、次の各号のいずれにも該当しない者とする。

一　漁業又は労働に関する法令を遵守せず、かつ、引き続き遵守することが見込まれない者であること。

二　暴力団員等であること。

三　法人であって、その役員又は漁業法施行令（昭和二十五年政令第三十号）で定める使用人のうちに前二号のいずれかに該当する者があるものであること。

四　暴力団員等がその事業活動を支配する者であること。

五　許可を受けようとする船舶等が知事の定める基準を満たさないこと。

２　知事は、前項第五号の基準を定め、又は変更しようとするときは、関係海区漁業調整委員会の意見を聴かなければならない。

【参考】法の規定

法第五十八条で準用する法第四十一条　許可又は起業の認可について適格性を有する者は、次の各号のいずれにも該当しない者とする。

一　漁業又は労働に関する法令を遵守せず、かつ、引き続き遵守することが見込まれない者であること。

二　暴力団員等であること。

三　法人であつて、その役員又は政令で定める使用人のうちに前二号のいずれかに該当する者があるものであること。

四　暴力団員等がその事業活動を支配する者であること。

五　許可を受けようとする船舶等が都道府県知事の定める基準を満たさないこと。

六　（準用せず）

２　都道府県知事は、前項第五号の基準を定め、又は変更しようとするときは、関係海区漁業調整委員会の意見を聴かなければならない。

Ⅰ　趣旨

本条は、知事許可漁業の許可又は起業の認可についての適格性について定めた法第58条において読み替えて準用する法第41条を確認的に記載したものである。

Ⅱ　解説

1　知事許可漁業の許可又は起業の認可についての適格性

知事許可漁業の許可又は起業の認可について適格性を有する者は、次の各号のいずれにも該当しない者とされている（第１項）。

⑴　漁業又は労働に関する法令を遵守せず、かつ、引き続き遵守することが見込まれない者であること（第１号）

知事許可漁業の操業に関係する主要な法令を遵守せず、かつ、引き続き遵守することが見込まれない者を排除するための規定である(注)。

「漁業に関する法令」とは、法又は法に基づく農林水産省令若しくは規則、水産資源保護法その他の漁業に関する定めを置いている法令をいう。

「労働に関する法令」とは、労働基準法（昭和22年法律第49号）、船員法（昭和22年法律第100号）、船舶安全法（昭和８年法律第11号）等の労働関係法令をいう。労働関係法令は、漁業従事者の経済的地位の向上又は生命・身体の安全若しくは船舶における労働ないし生活の環境と直接関係があり、漁業の健全な成長を実現させるために特に遵守を求める必要があるからである。

⑵　暴力団員等であること（第２号）

「暴力団員等」とは、暴力団員による不当な行為の防止等に関する法律（平成３年法律第77号）第２条第６号に規定する暴力団員又は同号に規定する暴力団員でなくなった日から５年を経過しない者をいい（法第18条第１項第２号）、本号は、これらの者を排除するための規定である。

反社会的勢力を社会から排除していくことは、社会的な要請であり、漁業においても、暴力団員等の介入を排除し、活動資金の獲得を防止することが重要であることから本号が設けられている。

「暴力団員」については、暴力団員による不当な行為の防止等に関する法律第２条において、「暴力団」とは、その団体の構成員（その団体の構成団体の構成員を含む。）が集団的に又は常習的に暴力的不法行為等を行うことを助長するおそれがある団体をいうとされており（同条第2号）、「暴力団員」とは、暴力団の構成員をいうとされている（同条第6号）。

⑶　法人であって、その役員又は政令で定める使用人のうちに⑴又は⑵のいずれかに該当する者があるものであること（第3号）

役員は、法人の活動や使用人等の活動に影響力を有するため、法令違反や反社会性のある者（以下「法令違反者等」という。）を排除する必要がある。

また、使用人であっても、業務上の責任を有する者については、法人の活動や他の使用人の活動に影響力を有するため、法令違反者等を排除する必要がある。

この点、知事許可漁業については、その業務内容は、①船舶の操縦等に関する作業、②漁ろう作業等の生産に関する作業の2つに大別され、各業務において責任を有し、現場での作業を指揮監督する者について、法令違反者等を排除する必要がある。

このため、漁業法施行令第6条において、欠格事由の対象となる使用人として操船又は漁ろうを指揮監督する者が定められている。具体的には、「操船を指揮監督する者」については船長等がこれに該当し、「漁ろうを指揮監督する者」については漁ろう長（漁場、漁法等の選定権限を持ち、漁獲の指揮監督をする者）等がこれに該当する。

⑷　暴力団員等がその事業活動を支配する者であること（第4号）

第2号と同様、反社会的勢力を社会から排除していくことは、社会的な要請であり、役員等であるかどうかにかかわらず、暴力団員等がその事業活動を支配する場合には、許可又は起業の認可を行うべきではないことから、本号が設けられている。

⑸　許可を受けようとする船舶等が都道府県知事の定める基準を満たさないこと（第5号）

本号の船舶等適格要件については、都道府県知事の定める基準に適合することが必要である。

本号に定める船舶等適格要件を定め、又は変更しようとする場合には、関係海区漁業調整委員会の意見を聴かなければならない（第2項）。

なお、知事許可漁業については、船舶を使用しない漁業もあり、漁業の生産活動を行う基本的な単位となる設備が船舶に限定されないことから、本号においても、準用に当たっては、「船舶」が法第8条第3項の「船舶等」に読み替えられている。

2　生産性の要件について

大臣許可漁業においては、「その申請に係る漁業を適確に営むに足りる生産性を有さず、又は有することが見込まれない者であること」という生産性要件が適格性の要件として定められている（法第41条第１項第６号）。

知事許可漁業は、地域ごとに、また、同一地域内においても、多様性が高く、他の知事許可漁業や漁業権漁業等と兼業している場合も多いことから、一律に許可の適格性として生産性を要件とすることが適当ではないため、法第41条第１項第６号は準用していない。また、これに伴い、生産性の欠如による勧告（法第53条）や取消し等（法第54条第２項第２号）も準用していない。

注　：大臣許可漁業については、本要件の判断の基準について、「漁業法第41条第１項第１号についての適格性の基準」（令和２年７月８日付け２水漁第274号水産庁長官通知）により定められている。

第11条　新規の許可又は起業の認可

（新規の許可又は起業の認可）

第十一条　知事は、許可（第七条第一項及び第十四条第一項の規定によるものを除く。以下この条において同じ。）又は起業の認可（第十四条第一項の規定によるものを除く。以下この条において同じ。）をしようとするときは、当該知事許可漁業を営む者の数、当該知事許可漁業に係る船舶等の数及びその操業の実態その他の事情を勘案して、次に掲げる事項に関する制限措置を定め、当該制限措置の内容及び許可又は起業の認可を申請すべき期間を公示しなければならない。

一　漁業種類（知事許可漁業を水産動植物の種類、漁具の種類その他の漁業の方法により区分したものをいう。以下同じ。）

二　許可又は起業の認可をすべき船舶等の数及び船舶の総トン数又は漁業者の数

三　推進機関の馬力数

四　操業区域

五　漁業時期

六　・・・

２　前項の申請すべき期間は、一月を下らない範囲内において漁業の種類ごとに知事が定める期間とする。ただし、一月以上の申請期間を定めて前項の規定による公示をするとすれば当該漁業の操業の時機を失し、当該漁業を営む者の経営に著しい支障を及ぼすと認められる事情があるときは、この限りでない。

３　知事は、第一項の規定により公示する制限措置の内容及び申請すべき期間を定めようとするときは、関係海区漁業調整委員会の意見を聴かなければならない。

４　第一項の申請すべき期間内に許可又は起業の認可を申請した者に対しては、知事は、第九条第一項各号のいずれかに該当する場合を除き、許可又は起業の認可をしなければならない。

５　前項の規定により許可又は起業の認可をすべき船舶等の数が第一項の規定により公示した船舶等の数を超える場合においては、前項の規定にかかわらず、当該知事許可漁業の状況を勘案して、関係海区漁業調整委員会の意見を聴いた上で、許可の基準を定め、これに従って許可又は起業の認可をする者を定めるものとする。

6　前項の規定により許可又は起業の認可をする者を定めることができないときは、公正な方法でくじを行い、許可又は起業の認可をする者を定めるものとする。

7　第四項の規定により許可又は起業の認可をすべき漁業者の数が第一項の規定により公示した漁業者の数を超える場合においては、第四項の規定にかかわらず、当該知事許可漁業の状況を勘案して、関係海区漁業調整委員会の意見を聴いた上で、許可の基準を定め、これに従って許可又は起業の認可をする者を定めるものとする。

8　許可又は起業の認可の申請をした者が当該申請をした後に死亡し、又は合併により解散し、若しくは分割（当該申請に係る権利及び義務の全部を承継させるものに限る。）をしたときは、その相続人（相続人が二人以上ある場合において、その協議により当該申請をした者の地位を承継すべき者を定めたときは、その者）、当該合併後存続する法人若しくは当該合併によって成立した法人又は当該分割によって当該権利及び義務の全部を承継した法人は、当該許可又は起業の認可の申請をした者の地位を承継する。

9　前項の規定により許可又は起業の認可の申請をした者の地位を承継した者は、その事実を証する書面を添え、承継の日から二月以内にその旨を知事に届け出なければならない。

【参考】法の規定

法第五十八条で準用する法第四十二条　都道府県知事は、許可（第三十九条第一項及び第四十五条の規定によるものを除く。以下この条において同じ。）又は起業の認可（第四十五条の規定によるものを除く。以下この条において同じ。）をしようとするときは、当該知事許可漁業を営む者の数、当該知事許可漁業に係る船舶等の数及びその操業の実態その他の事情を勘案して、許可又は起業の認可をすべき船舶等の数及び船舶の総トン数、操業区域、漁業時期、漁具の種類その他の規則で定める事項に関する制限措置を定め、当該制限措置の内容及び許可又は起業の認可を申請すべき期間を公示しなければならない。

2　前項の申請すべき期間は、漁業の種類ごとに規則で定める期間とする。

3　都道府県知事は、第一項の規定により公示する制限措置の内容及び申請すべき期間を定めようとするときは、関係海区漁業調整委員会の意見を聴かなければならない。

4　第一項の申請すべき期間内に許可又は起業の認可を申請した者（次項において「申請者」という。）に対しては、都道府県知事は、第四十条第一項各号のいずれかに該当する場合を除き、許可又は起業の認可をしなければならない。

5　前項の規定により許可又は起業の認可をすべき船舶等の数が第一項の規定により公示した船舶等の数を超える場合においては、前項の規定にかかわらず、当該知事許可漁業の状況を勘案して、関係海区漁業調整委員会の意見を聴いた上で、許可の基準を定め、これに従つて許可又は起業の認可をする者を定めるものとする。

6　前項の規定により許可又は起業の認可をする者を定めることができないときは、公正な方法でくじを行い、許可又は起業の認可をする者を定めるものとする。

Ⅰ　趣旨

本条は、知事許可漁業における新規の許可又は起業の認可（以下「許可等」という。）について定めた法第58条において準用する法第42条を確認的に記載するとともに、制限措置を定める事項、許可等の実施に必要な事項を定めている。

Ⅱ　解説

1　制限措置の内容及び申請期間の公示（第１項、第３項）

都道府県知事は、知事許可漁業の許可又は起業の認可（以下「許可等」という。）をしようとするときは、制限措置を定め、その内容及び許可又は起業の認可を申請すべき期間を公示しなければならない（法第58条において準用する法第42条第１項）。本項は、このことを確認的に記載するとともに、規則で定めることとされている「制限措置の内容」を定める事項を規定している。

新規の許可等については、資源状況や操業状況等を勘案して公示を行うことにより、随時これを行うことができる。

(1)　「制限措置の内容」を定める事項

「制限措置の内容」を定める事項としては、以下のものが定められている。

① 漁業種類（知事許可漁業を水産動植物の種類、漁具の種類その他の漁業の方法により区分したものをいう。以下同じ。）

② 許可又は起業の認可をすべき船舶等の数及び船舶の総トン数又は漁業者の数

③ 推進機関の馬力数

④ 操業区域

⑤ 漁業時期

このほか、例えば、地域の漁業実態に応じて、漁場競合や紛争を防止する観点から、行政が立ち会って操業に関する協定を締結している場合があり、当該協定に基づく者に許可者を限定する必要があるときは、「漁業を営む者の資格」等を定めることも可能である。

また、幅のある公示も可能であり、例えば、船舶の総トン数につい、「○○トン　○隻」と限定して公示する方法も、「○○トンから○○トンまで○隻」と階層区分を指定して公示する方法のいずれも可能である。

本条においても、知事許可漁業については、船舶を使用しない漁業もあり、漁業の生産活動を行う基本的な単位となる設備が船舶に限定されないことから、準用に当たっては、「船舶」を法第８条第３項の「船舶等」に読み替えている。

(2)　公示の性質

「公示」は、その性質上、これから行おうとする許可等の内容を周知させるとともに、一定期間内に許可等の申請をすべき旨を催告する趣旨の許認可行為の事前手続である。この公示の効力がいかなる範囲に及ぶかについては、公示は、その公示に基づく許認可行為と制限措置を一般に知らせることにとどまるため、許認可等の申請者が公示隻数を下回った場合や、公示後に許可漁業者の廃業や起業の認可の失効により、当該漁業の許可又は起業の認可を受けている船舶の隻数が減少した場合においても、公示内容の修正を行う必要はなく、新たに許可等を行う場合等に必要に応じて追加的に公示を行うことが可能である。

⑶　公示の方法

法第185条において、公示は、「インターネットの利用その他の適切な方法により行う」ものとされている。

公示は、一定の事柄を周知させるために発表し、公衆がこれを知ることのできる状態におくことである。技術の進歩により、インターネットの利用などによりこれが実現可能であることから、平成30年の法改正において、公示の方法としてインターネットの利用が明示されるとともに、公示がその意義を達し得るよう法第185条が規定された。

このため、本条の公示は、ホームページに掲載することでも可能である。

ただし、各都道府県による公示の方法について、本法による手続のほか、条例等でその方法が定められている場合には、法第185条の「その他の適切な方法」に当たるものとして当該条例等に基づき公示を行うことになる。

⑷　許可の内容と制限措置の関係

平成30年の法改正前は、操業区域や漁業時期等は許可の内容とされていたが、平成30年の法改正によって、許可は一般的な禁止を解除する行政行為であるため、許可の時点で許可内容により禁止及び解除の範囲が決められるのは不適当であるとして、許可の内容という概念の見直しが行われた。現行法においては、操業区域や漁業時期等は制限措置として許可を受けなければならない対象に付随して定めるものと整理され、あらかじめ公示する制度とされている。

これは、許可という重大な行政処分について、行政の透明化の観点から、あらかじめ許可の対象となっている漁業にどのような制限がなされているかを明らかにしておくべきであるとの趣旨である。

2　申請期間（第２項）

許可等を申請すべき期間は、漁業の種類ごとに規則で定めることとされている（法第58条において準用する第42条第２項）。これを受け、本項は、許可等を申請すべき期間は、原則として１か月を下らない範囲内において漁業の種類ごとに知事が定める期間とする旨を定めている。これは、公示の後に当該漁業を営もうとする者が公示に基づく申請の準備や営もうとする漁業の経営上の準備をするためにある程度の期間を必要とするため、これを勘案して定めたものである。

ただし、1か月以上の申請期間を定めて公示をすると当該漁業の操業の時機を失し、当該漁業を営む者の経営に著しい支障を及ぼすと認められる事情があるときは、例外として1か月よりも短い期間とすることができる。

3　関係海区漁業調整委員会の意見聴取（第3項）

都道府県知事は、公示する制限措置の内容及び申請すべき期間を定めようとするときは、関係海区漁業調整委員会の意見を聴かなければならない。

大臣許可漁業においては、「ただし、農林水産省令で定める緊急を要する特別の事情があるときは、この限りでない。」として、例外を設けているが（法第42条第3項）、知事許可漁業についてはこれを準用していない。これは、許可等の申請期間は3か月を下回ることができないとの制限がある大臣許可漁業と異なり（法第42条第2項）、知事許可漁業については、許可等の申請期間は各都道府県の実情に応じて規則で定められることから、例外について準用する必要がないからである。

4　第4項

本項は、法第58条において準用する法第42条第4項を確認的に記載したものである。

都道府県知事は、第1項の規定により公示した許可等を申請すべき期間内に許可等の申請をした者の申請に対しては、規則例第9条第1項各号の許可等をしない場合に該当する場合を除き、許可等をしなければならない。

なお、公示した事項の内容と異なる内容の申請があった場合については、行政手続法第7条の規定に基づき、速やかに、相当の期間を定めて当該申請の補正を求めるか、不許可処分をすることとなる。法及び法に基づく命令に違反してはならず、また、適法な申請行為に該当するためには申請者が意思能力、行為能力を有していなければならないなど、行政法の一般原則による要件を満たさなければならないことはいうまでもない。

ただし、公示に際して許可等をすべき船舶等の数が公示されている場合には、その数を超えて許可等をすることはできない。この場合については、第5項及び第6項の規定により判断することとなる。

5　第5項・第6項

第５項及び第６項は、法第58条において準用する法第42条第５項及び第６項を確認的に記載したものである。

許可等をすべき船舶等の数が公示した船舶等の数を超える場合においては、「申請者の生産性を勘案して」許可等をする者を定めるとする大臣許可漁業と異なり、関係海区漁業調整委員会の意見を聴いた上で定めた許可の基準に従って許可等をする者を定めるとされている。ここでいう許可の基準は、行政手続法第２条第８号ロに規定する審査基準に該当し、同法第39条の規定によりパブリックコメントを行って定め、同法第５条第３項の規定により公にしておく必要がある。

6　第7項

許可等をすべき船舶等の数が公示した船舶等の数を超える場合については許可等をする者の定め方が法律に規定されているが（第５項）、「船舶等の数」以外の制限措置については、これが規定されていない。この点については、「船舶の数」以外の制限措置も漁業の実態や地域の実情に応じて規則で定めることができることとされていることからすると、「船舶等の数」以外の制限措置について許可等をする者を定めることができない事態が生じた場合に、どのように許可等をする者を定めるか（例えば、漁業の実態や地域の実情に応じて許可の基準を定め、これに従って許可等をする者を定める等）については、規則で規定することとなる。

規則例第11条第１項においては、船舶により行う漁業を対象とする大臣許可漁業と異なり、制限措置として「漁業者の数」を定めている。しかし、第４項の規定により許可等をすべき漁業者の数が第１項の規定により公示した漁業者の数を超える場合にどのように許可等をするものを定めるかは、法第58条で準用する法第40条では定められていない。このため、本項において、当該知事許可漁業の状況を勘案して、関係海区漁業調整委員会の意見を聴いた上で、許可の基準を定め、これに従って許可又は起業の認可をする者を定める旨を規定している。

7　第8項・第9項

許可等の申請をした者が当該申請をした後に死亡し、解散し、又は分割をした場合については、法に規定がない。しかし、申請期間が一定期間設けられているため、申請後に申請者が死亡等することが想定されることから、許可等を実施するために必要な規定として、承継人が申請者の地位を承継する旨を定めている（第８項）。また、死亡等による承継の事実を行政庁が把握することができるよう、その事実を証する書面を添えて、承継の日から２か月以内にその旨を知事に届け出なければならないとされている（第９項）。

なお、大臣許可漁業については、同様の規定が漁業の許可及び取締り等に関する省令第６条に定められている。

第12条　公示における留意事項

（公示における留意事項）

第十二条　知事は、漁獲割当ての対象となる特定水産資源の採捕を通常伴うと認められる知事許可漁業について、前条第一項の規定による公示をするに当たっては、当該知事許可漁業において採捕すると見込まれる水産資源の総量のうちに漁獲割当ての対象となる特定水産資源の数量の占める割合が知事が定める割合を下回ると認められる場合を除き、船舶等の数及び船舶の総トン数その他の船舶等の規模に関する制限措置を定めないものとする。

【参考】法の規定

法第五十八条で準用する法第四十三条　都道府県知事は、漁獲割当ての対象となる特定水産資源の採捕を通常伴うと認められる知事許可漁業について、前条第一項の規定により公示をするに当たつては、当該知事許可漁業において採捕すると見込まれる水産資源の総量のうちに漁獲割当ての対象となる特定水産資源の数量の占める割合が都道府県知事が定める割合を下回ると認められる場合を除き、船舶等の数及び船舶の総トン数その他の船舶等の規模に関する制限措置を定めないものとする。

Ⅰ　趣旨

本条は、船舶等の数及び船舶の総トン数その他の船舶の規模に関する制限措置を定めない場合について定めた法第58条において準用する法第43条を確認的に記載したものである。

Ⅱ　解説

従来の資源管理の手法は、漁獲能力の制限を基本としており、漁業の許可に当たって、各船舶の漁獲能力を総トン数でとらえ、総トン数別の船舶の数を公示して船舶ごとに許可を行うものであった。

しかし、こうした総トン数の制限は、生産コストの削減や安全性・居住性・作業性を向上させるための船舶の大型化も制約するものであることから、漁業者の経営判断に基づく生産性の向上等を阻害している側面もあった。

一方、平成30年の法改正に伴い、数量管理を基本とする資源管理の制度が創設されたことで、船舶等ごとの漁獲割当てによってより直接的な漁獲量管理を行うことが可能となった。このため、漁獲割当てが導入された漁業については、許可を通じて漁獲能力を制限することの意義が薄れることになる。

そこで、漁獲割当ての対象となる特定水産資源の採捕を相当の割合で行うと認められる知事許可漁業については、その許可の公示をするに当たり、船舶等の数及び船舶の総トン数その他の船舶の規模に関する制限を定めないものとすることとされた。

ただし、漁獲割当ての対象となる特定水産資源の採捕を行う知事許可漁業の中には、多くの魚種を漁獲するため、漁獲割当ての対象魚種が少ない間は漁獲される水産資源の総量のうち漁獲割当ての対象となる特定水産資源の数量の占める割合が低いことがある。このような知事許可漁業については、特定水産資源の採捕を通常伴っていたとしても、船舶等の数や船舶の総トン数の規制を引き続き行う必要があることを踏まえ、当該割合が都道府県知事が定める割合を下回ると認められる場合を除く旨が規定されている。

本条は、基本的には大臣許可漁業と同様であるが、本条においても、準用に当たっては、「船舶」を法第８条第３項の「船舶等」と読み替えている。

ただし、「船舶の総トン数」は船舶等の規模の例示に過ぎないことから、「船舶」とあるのを「船舶等」と読み替えていない。

第13条　許可等の条件

（許可等の条件）

第十三条　知事は、漁業調整その他公益上必要があると認めるときは、許可又は起業の認可をするに当たり、許可又は起業の認可に条件を付けることができる。

2　知事は、漁業調整その他公益上必要があると認めるときは、許可又は起業の認可後、関係海区漁業調整委員会の意見を聴いて、当該許可又は起業の認可に条件を付けることができる。

3　知事は、前項の規定により条件を付けようとするときは、行政手続法（平成五年法律第八十八号）第十三条第一項の規定による意見陳述のための手続の区分にかかわらず、聴聞を行わなければならない。

4　第二項の規定による条件の付加に係る聴聞の期日における審理は、公開により行わなければならない。

【参考】法の規定

法第五十八条で準用する法第四十四条　都道府県知事は、漁業調整その他公益上必要があると認めるときは、許可又は起業の認可をするに当たり、許可又は起業の認可に条件を付けることができる。

2　都道府県知事は、漁業調整その他公益上必要があると認めるときは、許可又は起業の認可後、当該許可又は起業の認可に条件を付けることができる。

3　都道府県知事は、前項の規定により条件を付けようとするときは、行政手続法第十三条第一項の規定による意見陳述のための手続の区分にかかわらず、聴聞を行わなければならない。

4　第二項の規定による条件の付加に係る聴聞の期日における審理は、公開により行わなければならない。

Ⅰ　趣旨

本条は、知事許可漁業の許可又は起業の認可に条件を付けることができることについて定めた法第58条において準用する法第44条を確認的に記載したものである。

Ⅱ　解説

1　第1項

都道府県知事は、漁業調整その他公益上必要があると認めるときは、許可又は起業の認可（以下「許可等」という。）をするに当たり、許可等に条件を付けることができる（注）。

「条件」とは、規則例第11条第１項の規定により公示によって定められた「制限措置の内容」と別に許可を更に制約する場合に付する行政行為の附款である。

都道府県知事が漁業権に条件を付けるときは、海区漁業調整委員会の意見を聴くことを要する（法第86条）のに対し、許可等については、都道府県知事は、その判断で条件を付けることができる。

2　第２項～第４項

都道府県知事は、漁業調整その他公益上必要があると認めるときは、許可等をした後であっても、許可等に新たな条件を付けることができる。

第２項の規定により、許可等をした後に条件を付けることは、不利益処分となるため、公開による聴聞を行う必要がある（第３項、第４項）。また、許可を受けた者にとっては、重大な処分となり得ることから、必要に応じて、第３項及び第４項に規定する公開の意見聴取に加えて、都道府県規則において海区漁業調整委員会の意見を聴くことを義務付けることは可能である。規則例第13条第２項は、その場合の規定ぶりを示したものとなっている。

3　罰則

知事許可漁業の許可に付けた条件に違反して漁業を営んだ者は、法第193条により６か月以下の懲役又は30万円以下の罰金に処される。

注　：平成30年の法改正前は、本規定は、「制限又は条件」とされていたが、他の法令における用例及び許可漁業の制限措置の内容との混同を避けるため、平成30年の法改正により、「条件」に一本化された。

第14条　継続の許可又は起業の認可等

（継続の許可又は起業の認可等）
第十四条　次の各号のいずれかに該当する場合は、その申請の内容が従前の許可又は起業の認可を受けた内容と同一であるときは、第九条第一項各号のいずれかに該当する場合を除き、許可又は起業の認可をしなければならない。

一　許可（知事が指定する漁業に係るものに限る。第四号において同じ。）を受けた者が、その許可の有効期間の満了日の到来のため、その許可を受けた船舶と同一の船舶について許可を申請したとき。

二　許可を受けた者が、その許可の有効期間中に、その許可を受けた船舶を当該知事許可漁業に使用することを廃止し、他の船舶について許可又は起業の認可を申請したとき。

三　許可を受けた者が、その許可を受けた船舶が滅失し、又は沈没したため、滅失又は沈没の日から六月以内（その許可の有効期間中に限る。）に他の船舶について許可又は起業の認可を申請したとき。

四　許可を受けた者から、その許可の有効期間中に、許可を受けた船舶を譲り受け、借り受け、その返還を受け、その他相続又は法人の合併若しくは分割以外の事由により当該船舶を使用する権利を取得して当該知事許可漁業を営もうとする者が、当該船舶について許可又は起業の認可を申請したとき。

２　前項第一号の申請は、従前の許可の有効期間の満了日の三月前から一月前までの間にしなければならない。ただし、当該知事許可漁業の状況を勘案し、これによることが適当でないと認められるときは、知事が定めて公示する期間内に申請をしなければならない。

【参考】法の規定

法第五十八条で準用する法第四十五条　次の各号のいずれかに該当する場合は、その申請の内容が従前の許可又は起業の認可を受けた内容と同一であるときは、第四十条第一項各号のいずれかに該当する場合を除き、許可又は起業の認可をしなければならない。

一　（準用せず）
二　許可を受けた者が、その許可の有効期間中に、その許可を受けた船舶を当該知事許可漁業に使用することを廃止し、他の船舶について許可又は起業の認可を申請したとき。
三　許可を受けた者が、その許可を受けた船舶が滅失し、又は沈没したため、滅失又は沈没の日から六月以内（その許可の有効期間中に限る。）に他の船舶について許可又は起業の認可を申請したとき。
四　（準用せず）

Ⅰ　趣旨

本条は、知事許可漁業の許可又は起業の認可のうち、継続の許可等について定めた法第58条において準用する法第45条を確認的に記載するとともに、必要な手続を定めている。

Ⅱ　解説

知事許可漁業について、第１項各号のいずれかに該当する場合は、その申請の内容が従前の許可又は起業の認可（以下「許可等」という。）を受けた内容と同一であるときは、規則例第９条第１項各号のいずれかに該当する場合を除き、都道府県知事は、許可等をしなければならない。

1　法で準用していない部分について

法第58条において、継続の許可（第１号）及び船舶の使用権の移転に伴う承継（第４号）の規定は準用していない。これは、多種多様な漁業が営まれている知事許可漁業においては、

①　資源の増減の変動や来遊状況に応じて、あるいは他都道府県との入漁協定に基づき、許可の有効期間満了時に、許可又は起業の認可をすべき船舶等の数を増減させる必要がある場合などがあり、一律に継続の許可を準用すると、資源の状況や他都道府県との調整状況等に応じた許可の柔軟な運用に支障を来すおそれがあること、

②　１隻で複数の漁業の許可を受けている場合も少なくなく、一律に船舶の使用権の移転に伴う承継を準用すると、同一の船舶に対して行われている複数

の漁業の許可について許可ごとに船舶の使用権を異なる者に移転させることが可能となり、同一の船舶に複数の漁業者が許可を有する状況になると、管理及び取締り上不都合な事態が生じ得ること

などから、それぞれの漁業の実態に応じた規制とする必要があるためである。

したがって、継続の許可（第１項第１号）及び船舶の使用権の移転に伴う承継（第１項第４号）の対象となる漁業については、各都道府県の漁業の実情から必要性に応じて指定するものである。この点を示すため、規則例には例として規定されている。

２　基本的な考え方

本項の第１号から第４号までに該当する場合、都道府県知事は、規則例第11条第１項の公示の手続を経るのではなく、許可を受けた者等からの申請に基づいて許可等をすることとなる。

「その申請の内容が従前の許可又は起業の認可を受けた内容と同一」とは、規則例第16条第１項の規定により変更の許可を要する事項の内容、すなわち規則例第11条第１項の規定により定められた制限措置の内容について同一であることをいうものと解される。

なお、取得に多額の資本を必要とし長期間使用する船舶と異なり、一般的に、漁具については、日々の漁ろう作業によって、消耗し、日常的に買い換えが行われることから、許可時に保有している漁具と完全な同一性を求めることが困難であるため、本条においては、「船舶」とあるのを「船舶等」と読み替えていない。

⑴　継続の許可（第１項第１号）

許可を受けた者が、その許可の有効期間の満了日の到来のため、その許可を受けた船舶と同一の船舶について許可を申請した場合をいう。

昭和37年の法改正により設けられた指定漁業の制度においては、同一の漁業種類の許可については、許可の有効期間の満了により、一斉に全ての許可を失効させ、公示に基づいて新たに許可を行うこととされていた（いわゆる「一斉更新」）。ただし、実績者優先規定により、許可の有効期間の満了に伴う申請については、基本的に許可が受けられることとなっており、形骸化していた。このため、平成30年の法改正においては、漁業者が生産性の向上に向けて従前以上に安心して設備投資などの取組を行うことができるように、

適格性を失わない限り、継続して許可が受けられる制度に変更された。

知事許可漁業についてもこの趣旨が当てはまるものがあるため、そのような漁業については、規則で継続の許可を設けることができる。

「満了日の到来のため」とあるが、許可を途切れさせることのないようにするための当然のこととして、満了日の到来を見越して事前に申請することが認められる。具体的には、申請者は、原則として、従前の許可の有効期間の満了日の３か月前から１か月前までの間に、申請書等を提出しなければならない（第２項)。

なお、起業の認可は許可の対象となる船舶が存在しない状態のものであるという性質上、対象とならない。

⑵　廃止代船（第１項第２号）

知事許可漁業の許可を受けた者が、当該許可の有効期間中に、当該許可に係る船舶を当該知事許可漁業に使用することを廃止し、他の船舶（以下「代船」という。）について許可等を申請した場合をいう。例えば、従前の船舶の老朽化により船齢の新しい船や従前の船舶より効率の高い船とするために代船でその知事許可漁業を営もうとする場合がこれに当たる。

「廃止」とは、許可を受けた者がその船舶により当該知事許可漁業を営むことをやめることをいう。すなわち、「廃止」は許可を受けた者の意思によるもので、具体的には行政庁に届出をすることにより確認される。通常は、廃止の時点を明確にするため、代船に対する許可等がなされるときは、その日に廃止する旨を記載することが妥当である。

また、許可を受けた者が許可の対象となっている船舶の使用を廃止した場合、規則例第18条第１項の規定により許可は失効するが、廃止代船は事業の継続性に着目して代船について許可等を行うのであるから、その事業の継続性が認められる場合に限り、行政庁が許可を受けた者に対して船舶の使用を廃止した後に代船について許可等を行うことは妨げられない。

しかしながら、許可を受けた船舶の使用を廃止しないまま、代船について許可等を行うことはできない。

⑶　沈船代船（第１項第３号）

知事許可漁業の許可を受けた者が、当該許可に係る船舶が滅失し、又は沈没したため、滅失又は沈没の日から６か月以内（その許可の有効期間中に限る。）に代船について許可等を申請した場合をいう。

規則例第18条第1項第2号の規定により、許可を受けた船舶が滅失又は沈没した場合、当該許可は一旦失効することとなるが、自己の意思によらない不可抗力的な原因によって従前の許可船舶が使用できなくなった場合には再び漁業を営むための準備期間を考慮し、申請までに6か月間の余裕を設けて申請に基づいて代船により許可等ができるようにしたものである。

「滅失」とは、船舶が物理的に滅失した場合に加え、漁業に用いる船舶としての用途に全く使用できなくなった場合を含む。ただし、許可を受けた者本人の意思によって行われる解体については、解体する前にその船舶を漁業に使用することを廃止しているのであるから、廃止代船として取り扱われるべきである。

行方不明は、滅失ないし沈没に含まれると解されるが、一定期間行方不明の状態が継続することにより沈没したとみなされる場合は、個々の事例に則し、一定期間を経過した日を沈没した日として6か月の起算点とすべきである。

(4)　船舶の使用権の移転に伴う承継（第1項第4号）

許可を受けた者から、当該許可に係る船舶を使用する権利を取得して当該許可に係る知事許可漁業を営もうとする者が、当該船舶について知事許可漁業の許可等を申請した場合をいう。

「船舶を譲り受け、借り受け、その返還を受け」は、「船舶を使用する権利を取得」の例示である。「船舶を使用する権利」とは、船舶の使用権という一つの権利があるわけではなく、法律関係に基づいて船舶を使用できることをいう。

「営もう」と未来形で書いてあるのは、「当該知事許可漁業を営」むことについてのみであって、船舶の使用権の取得については、現在既に取得している場合も、将来取得しようとする場合のいずれも含まれる。この場合において、船舶の使用権を取得したときは従前の許可を受けた者は廃業することになるが、具体的には廃業する者がその旨を行政庁に届け出ることにより確認される（規則例第18条第2項の解説を参照）。

共同経営者の名義人追加の場合は、本条により、従来の共同経営体から新たな共同経営体への船舶の使用権の移転に伴う許可の承継として処理することにしている。一方、共同経営者の離脱の場合は、当該離脱した者の許可に係る権利義務の持ち分の放棄として許可証の書換え交付の申請事項となる

（規則例第27条第１項）。

船舶の使用権を取得して許可を申請するまでの期間については明文の規定がないが、その期間が妥当かどうかは、第２号の場合と同様に事業の継続性に注目して判断すべきである。

なお、継続の許可（第１項第１号）の対象となる漁業については、その趣旨に照らし、当然に船舶の使用権の移転に伴う承継の対象とすべきである。

第15条　許可の有効期間

（許可の有効期限）

第十五条　許可の有効期間は、次の各号に掲げる漁業の区分に応じ、それぞれ当該各号に定める期間とする。ただし、前条第一項（第一号を除く。）の規定によって許可をした場合は、従前の許可の残存期間とする。

一　法第五十七条第一項の農林水産省令で定める漁業及び第四条第一項第○号から第○号までに掲げる漁業　五年

二　第四条第一項第○号から第○号までに掲げる漁業　三年

三　第四条第一項第二号に掲げる漁業　一年

２　知事は、漁業調整のため必要な限度において、関係海区漁業調整委員会の意見を聴いて、前項の期間より短い期間を定めることができる。

【参考】法の規定

法第五十八条で準用する法第四十六条　許可の有効期間は、漁業の種類ごとに五年を超えない範囲内において規則で定める期間とする。ただし、前条の規定によつて許可をした場合は、従前の許可の残存期間とする。

２　都道府県知事は、漁業調整のため必要な限度において、関係海区漁業調整委員会の意見を聴いて、前項の期間より短い期間を定めることができる。

Ⅰ　趣旨

本条は、法第58条において準用する法第46条の規定に基づき、知事許可漁業の許可の有効期間について定めている。

Ⅱ　解説

知事許可漁業の許可の有効期間については、各知事許可漁業の実態に応じて定める必要があるため、規則で定めることとされている。

１　第１項

知事許可漁業においても、多額の資本を必要とし、経営上の観点からは許可期間を長期とすることが望ましいものもある。このような漁業については、経営の安定性と対象となる水産資源の資源量の変動や漁業調整上の状況変化が急激に起こる可能性も勘案して、有効期間を５年とすることが適当である（注）。

また、これまでの許可管理の実態上、３年の有効期間が定着しており、漁業経営の面からも必ずしも５年に延長する必要がないものなどについては、有効期間を３年とすることが適当である。

さらに、資源状況が変動しやすい水産動植物を採捕の対象とするもの、毎年の操業協定の結果に基づき許可が行われるもの、国際的な枠組みの結果を踏まえた許可管理が必要とされるものなど、その実情に応じて、有効期間を１年とすることもできる。

また、規則例第14条第１項のうち、第２号（廃止代船許可）、第３号（沈没代船許可）及び第４号（承継許可）の規定によって許可をした場合は、従前の許可の残存期間とされる。

2　第2項

都道府県知事は、漁業調整のため必要な限度において、関係海区漁業調整委員会の意見を聴いて、第１項の期間より短い期間を定めることができる。

具体的な例としては、毎年の操業協定に基づき許可をすべき船舶等の数や漁業時期が定められるような漁業や漁獲対象となる水産資源の変動が大きく毎年の資源調査結果に基づき許可をすべき船舶等の数や漁業時期が定められるような漁業において、第１項で定められた期間よりも短い有効期間を定める場合などが考えられる。

注　：大臣許可漁業の許可の有効期間は、原則として５年とされている（漁業の許可及び取締り等に関する省令第９条）。

第16条　変更の許可

（変更の許可）

第十六条　知事許可漁業の許可又は起業の認可を受けた者が、第十一条第一項各号に掲げる事項について、同項の規定により定められた制限措置と異なる内容により、知事許可漁業を営もうとするときは、知事の許可を受けなければならない。

2　前項の規定により変更の許可を受けようとする者は、次に掲げる事項を記載した申請書を知事に提出しなければならない。

一　申請者の氏名及び住所（法人にあっては、その名称、代表者の氏名及び主たる事務所の所在地）

二　漁業種類

三　知事許可漁業の許可又は起業の認可の番号

四　知事許可漁業の許可又は起業の認可を受けた年月日

五　変更の内容

六　変更の理由

3　知事は、前項の規定による申請があった場合において必要があるときは、変更の許可をするかどうかの判断に関し必要と認める書類の提出を求めることができる。

【参考】法の規定

法第五十八条で準用する法第四十七条　知事許可漁業の許可を受けた者が、第四十二条第一項の規則で定める事項について、同項の規定により定められた制限措置と異なる内容により、知事許可漁業を営もうとするときは、都道府県知事の許可を受けなければならない。

Ⅰ　趣旨

本条は、変更の許可について定めた法第58条において準用する法第47条の変更の許可の規定を確認的に記載するとともに（第１項）、当該変更の許可の申請に必要な手続について定めている（第２項及び第３項）。

Ⅱ　解説

1　変更の許可

知事許可漁業の許可を受けた者が、規則例第11条第１項の規定により定められた「制限措置」と異なる内容により、知事許可漁業を営もうとするときは、都道府県知事の許可を受けなければならない。

これは、知事許可漁業の許可を受けた者が、許可を受けた後の状況の変化等により、制限措置と異なる内容により知事許可漁業を営むことを希望する場合が想定されるが、このような場合には、あらかじめ都道府県知事に変更の申請を行い、その許可（変更の許可）を受けなければならないこととしたものである。

具体的には、例えば、制限措置のうち船舶の総トン数についてみると、

①　制限措置として総トン数が「○トン」と公示されて許可を受けた場合は、公示された「○トン」以外の総トン数に変更する場合（代船の場合も含む。）は変更の許可が必要となる。

②　総トン数階層区分が公示されて許可を受けた場合は、当該階層区分を超える又は下回る場合に変更の許可が必要となる。変更後の総トン数が同一の総トン数階層区分に属する場合は、許可証の書換えで対応が可能である。

2　変更の許可の具体的運用について

変更許可の運用に当たっては、行政手続法の規定に従い、どのような場合に許可が得られるのかについて審査基準を定めて公表しておく必要がある。例えば、制限措置として船舶の総トン数が定められている場合、変更が認められる範囲（上限等）を定めておくこととなる。

変更の許可の申請があった場合は、当該審査基準に照らし、判断することとなる。

具体的な運用に当たっては、制限措置を定めて公示するとされている趣旨を逸脱しない運用が求められる。

3　罰則

変更の許可を受けずに、制限措置と異なる内容により知事許可漁業を営んだ者は、法第190条第４号により３年以下の懲役又は300万円以下の罰金に処され

る。また、没収規定（第192条）、併科規定（第194条）及び両罰規定（第197条）の適用がある。

なお、審査基準の変更が認められる範囲内外にかかわらず、許可を受けた者が制限措置に違反して漁業を営んだ場合は、制限措置違反（法第190条第４号）となる。また、他の都道府県知事が管轄する水面で当該都道府県知事の許可を受けないで操業した場合は、無許可操業（法第190条第３号）となる。

第17条　相続又は法人の合併若しくは分割

（相続又は法人の合併若しくは分割）

第十七条　許可又は起業の認可を受けた者が死亡し、解散し、又は分割（当該許可又は起業の認可に基づく権利及び義務の全部を承継させるものに限る。）をしたときは、その相続人（相続人が二人以上ある場合においてその協議により知事許可漁業を営むべき者を定めたときは、その者）、合併後存続する法人若しくは合併によって成立した法人又は分割によって当該権利及び義務の全部を承継した法人は、当該許可又は起業の認可を受けた者の地位を承継する。

2　前項の規定により許可又は起業の認可を受けた者の地位を承継した者は、その事実を証する書面を添え、承継の日から二月以内にその旨を知事に届け出なければならない。

Ⅰ　趣旨

本条は、知事許可漁業の許可又は起業の認可における相続又は法人の合併若しくは分割の場合の地位の承継及びその場合の届出義務について定めている。

Ⅱ　解説

本条は、大臣許可漁業に関する法第48条と同様の規定であるが、法第58条がこれを準用していないため、各都道府県の漁業の実態を踏まえ、必要に応じて定めることとなる。

相続又は法人の合併若しくは分割の場合、相続人又は存続会社（以下「相続人等」という。）は、被相続人又は消滅会社の権利義務の全部を承継するものとされている（第１項）。

しかしながら、複数の相続人がいるために協議が調わない場合には、漁業を営む者が確定しない。また、相続人等が、知事許可漁業の許可又は起業の認可（以下「許可等」という。）の適格性を有していないなど、本来は許可等をしてはならない者である可能性もあるため、本条第１項の規定により許可等に関する地位を承継した相続人等は、許可等の承継の日から２か月以内に都道府県知事に届け出なければならないこととしている（第２項）。

都道府県知事は、届出を受けて相続人等の適格性を判断し、相続人等が規則例第９条第１項第２号又は第10条第１項第１号から第５号までのいずれかに該当する場合には規則例第22条の規定により許可等を取り消すこととなる。

第２項の規定による届出を怠った者は、規則例第64条の規定により５万円以下の過料に処される。

第18条　許可等の失効

（許可等の失効）

第十八条　次の各号のいずれかに該当する場合は、許可又は起業の認可は、その効力を失う。

一　許可を受けた船舶を当該知事許可漁業に使用することを廃止したとき。

二　許可又は起業の認可を受けた船舶が滅失し、又は沈没したとき。

三　許可を受けた船舶を譲渡し、貸し付け、返還し、その他その船舶を使用する権利を失ったとき。

2　許可又は起業の認可を受けた者は、前項各号のいずれかに該当することとなったときは、その日から二月以内にその旨を知事に届け出なければならない。

3　第一項の規定によるほか、許可を受けた者が当該許可に係る知事許可漁業を廃止したときは、当該許可は、その効力を失う。この場合において、許可を受けた者は、当該許可に係る知事許可漁業を廃止した日から二月以内にその旨を知事に届け出なければならない。

【参考】法の規定

法第五十八条で準用する法第四十九条　次の各号のいずれかに該当する場合は、許可又は起業の認可は、その効力を失う。

一　許可を受けた船舶を当該知事許可漁業に使用することを廃止したとき。

二　許可又は起業の認可を受けた船舶が滅失し、又は沈没したとき。

三　許可を受けた船舶を譲渡し、貸し付け、返還し、その他その船舶を使用する権利を失つたとき。

2　許可又は起業の認可を受けた者は、前項各号のいずれかに該当することとなつたときは、その日から二月以内にその旨を都道府県知事に届け出なければならない。

Ⅰ　趣旨

本条は、知事許可漁業の許可又は起業の認可の失効について定めた法第58条において読み替えて準用する法第49条の規定を確認的に記載するものであり(第１項、第２項)、また、知事許可漁業については、船舶を使用しない漁業もあるため、このような漁業に係る許可又は起業の認可の失効について定めている（第３項)。

Ⅱ　解説

１　許可の失効

一度効力が発生した許可又は起業の認可（以下「許可等」という。）が一定の事由が発生したことにより行政庁の意思表示に基づかないで当然にその効力を失うことを「失効」という。許可の有効期間が満了する場合のほか、許可の有効期間中に許可等を受けた者が死亡し又は解散があった場合は許可は失効することになっている。許可が特定の者に対する一般的禁止の解除たる性質を有する以上、その者が存在しなくなれば相手方を失ってその効力を失うことは当然である。

ただし、相続人や合併又は分割によって許可に係る船舶を承継した法人が存在する場合は、規則例第18条の規定に基づき、許可を受けた者の地位はこれらの者に承継される。

なお、法人が破産手続開始の決定により解散した場合にあっては、法人の解散後も破産手続による清算の目的の範囲内において、破産手続が終了するまで存続するものとみなされ（破産法（平成16年法律第75号）第35条)、この場合は当該破産手続の目的の範囲内で法人の解散後も破産手続が終了するまでは許可等は失効しない。

２　死亡又は解散以外の失効

次のいずれかに該当する場合は、知事許可漁業の許可等は、その効力を失う。

(1)　船舶の使用廃止による失効（第１号）

「廃止」とは、許可を受けた者がその船舶により当該知事許可漁業を営むことをやめることをいう。すなわち、「廃止」は、許可を受けた者の意思によるもので、具体的には第２項の規定により行政庁に届出をすることにより確認される。また、許可を受けた者の意思表示によらなくてもその船舶が他の漁業に長期に使用されたために当該知事許可漁業に使用することを廃止したと認定されて失効する場合もある。

⑵　滅失又は沈没による失効（第２号）

「滅失」とは、船舶が物理的に滅失した場合に加え、漁業に用いる船舶としての用途に全く使用できなくなった場合を含む（規則例第14条第１項第３号の解説を参照）。

本条により起業の認可に係る船舶が滅失し、又は沈没した場合は、起業の認可はその効力を失うが、規則例第14条第１項第３号は、起業の認可に係る船舶の代船について起業の認可を受けることができるという規定ではないため、この場合には、従前の起業の認可が失効する以上、新たな船舶についてもう一度起業の認可を申請し直す必要がある。

⑶　船舶の使用権の喪失による失効（第３号）

船舶を譲渡し、貸し付け、返還する行為は、その船舶を使用する権利を失ったときの例示である。

例えば、船舶を使用する権利が１年のうちの一定の期間内に限定されている場合、その船舶を使用する権利のない期間においても潜在的使用権があるものとして、必ずしも許可は失効しないものとすることとしている。なお、同一の知事許可漁業で異なる複数の者が同一の船舶について使用期間の重複した船舶を使用する権利に基づく許可を受けることは適当でない。

3　届出（第２項）

第１項各号に該当する場合は、許可等は自動的に失効する。

しかし、行政庁が状況を正確に把握するためには、許可等を受けた者から適時届出を受ける必要がある。このため、許可等を受けた者は、第１項各号のいずれかに該当することとなったときは、その日から２か月以内にその旨を都道府県知事に届け出なければならないと規定されており、届出を怠った者は、法第198条の規定により10万円以下の過料に処される。

4　第３項

許可を受けた者が当該許可に係る知事許可漁業を廃止したときは、当該許可は、その効力を失う。また、第２項と同様、行政庁が状況を正確に把握することができるよう、許可を受けた者は、当該許可に係る知事許可漁業を廃止した日から２か月以内にこの旨を知事に届け出なければならないとされている。

本項は、大臣許可漁業については規定されていない。しかし、知事許可漁業については、船舶を使用しない漁業もあり、漁業生産力の発展のためには、このような漁業を廃止する場合も許可等の効力を失効させる必要があるため、本項が規定されている。

なお、廃止の届出を怠った者に対しては、罰則は規定されていない。

第19条　休業等の届出

（休業等の届出）
第十九条　許可を受けた者は、一漁業時期以上にわたって休業しようとするときは、休業期間を定め、あらかじめ知事に届け出なければならない。
2　許可を受けた者は、前項の休業中の漁業につき就業しようとするときは、その旨を知事に届け出なければならない。

【参考】法の規定

法第五十八条で準用する法第五十条　許可を受けた者は、一漁業時期以上にわたつて休業しようとするときは、休業期間を定め、あらかじめ都道府県知事に届け出なければならない。

Ⅰ　趣旨

本条は、休業等の届出について定めた法第58条において準用する法第50条を確認的に記載するとともに（第１項）、休業中に就業しようとするときに必要な手続について定めている（第２項）。

Ⅱ　解説

1　第1項

知事許可漁業の許可を受けた者が一漁業時期以上にわたって休業しようとするときは、休業期間を定め、あらかじめ都道府県知事に届け出なければならない。これは、水面の総合的な利用を図る観点から（法第１条の目的）、許可を受けた者が自ら漁業を営まないときは休業届を提出させることにより、都道府県知事がその操業状況を正確に把握するために設けられた規定である。

「休業」とは、許可を受けた漁業を全く営まないことをいう。

「一漁業時期」とは、第11条第１項の規定により定められたその知事許可漁業を営む時期（漁期）であり、必ずしも１年とは限らない。操業する季節が限られているものなど、当該知事許可漁業の態様によって異なるものと解される。

本項の規定に違反して届出を怠った者は、法第196条の規定により10万円以下の罰金に処されるほか、その悪質の程度によっては規則例第22条第２項第１

号により許可の取消し等が行われることがある。また、休業を届け出たとしても、規則例第20条で定める期間を超えることとなった場合には、同条により許可の取消しが行われることがある。

２　第２項

何らかの理由で休業中であっても、就業できる状況になることがあり得る。このような場合には操業できるようにすることが漁業生産力の発展という法の趣旨に資する。一方、取締り及び適切な許可制度の運用の観点からは、行政が操業状況を把握できるようにする必要がある。そこで、休業中の漁業について就業しようとするときについても、この旨知事に届け出なければならないこととされている。

本項の規定に違反して届出を怠った者は、規則例第64条の規定により５万円以下の過料に処されるほか、その程度によっては規則例第22条第２項第１号により許可の取消し等が行われることがある。

第20条　休業による許可の取消し

（休業による許可の取消し）
第二十条　知事は、許可を受けた者がその許可を受けた日から六月間又は引き続き一年間休業したときは、関係海区漁業調整委員会の意見を聴いて、その許可を取り消すことができる。
2　許可を受けた者の責めに帰すべき事由による場合を除き、第二十三条第一項の規定により許可の効力を停止された期間及び法第百十九条第一項若しくは第二項の規定に基づく命令、法第百二十条第一項の規定による指示、同条第十一項の規定による命令、法第百二十一条第一項の規定による指示又は同条第四項において読み替えて準用する法第百二十条第十一項の規定による命令により知事許可漁業を禁止された期間は、前項の期間に算入しない。
3　第一項の規定による許可の取消しに係る聴聞の期日における審理は、公開により行わなければならない。

【参考】法の規定

法第五十八条で準用する法第五十一条　都道府県知事は、許可を受けた者が規則で定める期間を超えて休業したときは、その許可を取り消すことができる。
2　許可を受けた者の責めに帰すべき事由による場合を除き、第五十五条第一項の規定により許可の効力を停止された期間及び第百十九条第一項若しくは第二項の規定に基づく命令、第百二十条第一項の規定による指示、同条第十一項の規定による命令、第百二十一条第一項の規定による指示又は同条第四項において読み替えて準用する第百二十条第十一項の規定による命令により知事許可漁業を禁止された期間は、前項の期間に算入しない。
3　第一項の規定による許可の取消しに係る聴聞の期日における審理は、公開により行わなければならない。

Ⅰ　趣旨

本条は、休業による許可の取消しについて定めた法第58条において読み替えて準用する法第51条を確認的に記載するとともに、同条第１項の規定に基づき、取消しの対象となる休業期間を定めたものである。

Ⅱ　解説

１　第１項

都道府県知事は、規則で定める期間を超えて休業したときは、その許可を取り消すことができるとされており、取消しの対象となる休業期間は規則で定めることとされている。

規則例においては、漁業の許可が漁業生産力を発展させるために許可されているものであることを踏まえて、許可を受けた者がその許可を受けた日から６か月間又は引き続き１年間休業したときは、取消しの対象となると規定されている。

なお、本条は、都道府県知事に取消しを義務付けたものではなく、都道府県が漁業生産力を発展させるため、水産資源の保存及び管理を適切に行うとともに、漁場の使用に関する紛争の防止及び解決を図るために必要な措置を講ずる責務を有している（法第６条）ことを踏まえて、都道府県知事は、諸般の事情を考慮して適当と認めるときに、取消処分を行うべきである。

また、許可の取消しは、許可を受けた者にとって重大な処分であることから、必要に応じて、法に規定する手続に加えて、都道府県規則において海区漁業調整委員会の意見を聴くことを義務付けることも可能である。規則例第20条第１項は、その場合の規定ぶりを示したものとなっている。

２　第２項

公益上の必要があるとして規則例第23条第１項の規定により許可の効力を停止された期間は、第１項の期間には参入されない。

また、次のいずれかの命令又は指示により漁業を禁止された期間についても、許可を受けた者の責めに帰すべき事由による場合を除き、第１項の期間には算入されない。公益上の必要性に基づく場合や、許可を受けた者の責めに帰すべき事由のない場合にまで許可の取消しにつながることとすると、許可を受けた者への不当な制約となりかねないためである。

① 法第119条第1項若しくは第2項の規定に基づく農林水産大臣又は都道府県知事の命令

② 法第120条第1項の規定による海区漁業調整委員会又は連合海区漁業調整委員会の指示

③ 法第120条第11項の規定による都道府県知事の命令

④ 法第121条第1項の規定による広域漁業調整委員会の指示

⑤ 法第121条第4項において読み替えて準用する第120条第11項の規定による農林水産大臣の命令

一方で、許可を受けた者の責めに帰すべき事由（例えば規則例第22条第2項の処分による停止の場合）により許可の効力が停止された期間は、第1項の期間に算入される。

3　第3項

許可の取消しは、許可を受けた者にとっては、対象となる知事許可漁業を営むことができなくなるという重大な処分となることから、当該許可の取消しに係る聴聞の期日における審理は、公開により行うことが義務付けられている。

第21条　資源管理の状況等の報告

（資源管理の状況等の報告）

第二十一条　許可を受けた者は、次の表の上欄に掲げる知事許可漁業の種類の区分に応じ、それぞれ下欄に掲げる期限までに、次項各号に掲げる事項を知事に報告しなければならない。

知事許可漁業の種類	期限
中型まき網漁業、小型機船底びき網漁業、瀬戸内海機船船びき網漁業及び小型さけ・ます流し網漁業	翌月の十日まで
うなぎ稚魚漁業	漁業時期の終了後三十日以内
○○漁業	当該航海終了後三十日以内
○○漁業	翌月の十日まで

２　前項の規定による報告は、次に掲げる事項について行うものとする。

一　許可を受けた者の氏名（法人にあっては、その名称）

二　許可番号

三　報告の対象となる期間

四　漁獲量その他の漁業生産の実績

五　漁業の方法、操業日数、操業区域その他の操業の状況

六　資源管理に関する取組の実施状況その他の資源管理の状況

七　その他必要な事項

【参考】法の規定

法第五十八条で準用する法第五十二条　許可を受けた者は、規則で定めるところにより、当該許可に係る知事許可漁業における資源管理の状況、漁業生産の実績その他の農林水産省令又は規則で定める事項を都道府県知事に報告しなければならない。ただし、第二十六条第一項又は第三十条第一項の規定により都道府県知事に報告した事項については、この限りでない。

２　（略）

Ⅰ　趣旨

本条は、資源管理の状況等の報告義務を定めた法第58条において読み替えて準用する法第52条第１項を確認的に記載するとともに、同項において規則で定めることとされている報告の方法及び報告事項を定めている。

Ⅱ　解説

1　資源管理の状況等の報告

知事許可漁業の許可を受けた者（以下「知事許可漁業者」という。）は、当該知事許可漁業における資源管理の状況等を都道府県知事に報告しなければならない。

知事許可漁業者は、規則例第５条の規定により、資源管理を適切にするために必要な取組を自ら行うとともに、漁業の生産性の向上に努めるものとされている。本条は、こうした規定に対応し、実際に知事許可漁業者の資源の利用状況等を把握するとともに、知事許可漁業者がどのような取組をしているのかを定期的に確認するために規定されたものである。

2　報告の方法（第１項）

報告の方法については、知事許可漁業の種類ごとに異なるものであることから、規則で定めることとされており、規則例第21条第１項は、例として知事許可漁業の種類ごとに定める報告期限までに報告をする旨を定めている。

3　報告事項（第２項）

報告事項についても、知事許可漁業の実態に応じて必要な報告を徴収できるよう、規則で定めることとされている。規則例第21条第２項は、知事許可漁業者の資源の利用状況等を把握するとともに、知事許可漁業者がどのような取組をしているのかを定期的に確認する観点から必要かつ最低限の事項を定めている。

①　許可を受けた者の氏名（法人にあっては、その名称）

②　許可番号

③　報告の対象となる期間

④　漁獲量その他の漁業生産の実績

⑤　漁業の方法、操業日数、操業区域その他の操業の状況

⑥　資源管理に関する取組の実施状況その他の資源管理の状況

⑦　その他必要な事項

なお、報告事項については、農林水産省令にも委任されているが、現時点において、農林水産省令で定められているものはない。

また、行政の電子化の推進及び都道府県の行政実務の実態に合わせて柔軟に対応できるよう、規則例においては、報告書の様式ではなく、報告事項が定められている。

４　漁獲量等の報告（法第26条第１項又は第30条第１項）との関係

規則例にはわかりやすさの観点から記載されていないが、法においては、法第26条第１項又は第30条第１項の規定により既に都道府県知事に報告した事項については、本項の規定により改めて報告する必要はないと規定されており（法第58条において準用する第52条第１項ただし書）、知事許可漁業者にも適用される（法に定められた規定であるため、規則に書かれていなくとも当然に適用される。）。

これは、既に都道府県知事に報告した事項について、改めて本条の規定により報告を求めることは、報告義務者である知事許可漁業者に不要な負担を強いることとなるからである。

第22条　適格性の喪失等による許可等の取消し等

（適格性の喪失等による許可等の取消し等）
第二十二条　知事は、許可又は起業の認可を受けた者が第九条第一項第二号又は第十条第一項各号のいずれかに該当することとなったときは、関係海区漁業調整委員会の意見を聴いて、当該許可又は起業の認可を取り消さなければならない。
2　知事は、許可又は起業の認可を受けた者が漁業に関する法令の規定に違反したときは、関係海区漁業調整委員会の意見を聴いて、当該許可又は起業の認可を変更し、取り消し、又はその効力の停止を命ずることができる。
3　知事は、前項の規定による処分をしようとするときは、行政手続法第十三条第一項の規定による意見陳述のための手続の区分にかかわらず、聴聞を行わなければならない。
4　第一項又は第二項の規定による処分に係る聴聞の期日における審理は、公開により行わなければならない。

【参考】法の規定

法第五十八条で準用する法第五十四条　都道府県知事は、許可又は起業の認可を受けた者が第四十条第一項第二号又は第四十一条第一項各号（第六号を除く。）のいずれかに該当することとなつたときは、当該許可又は起業の認可を取り消さなければならない。
2　都道府県知事は、許可又は起業の認可を受けた者が漁業に関する法令の規定に違反したときは、当該許可又は起業の認可を変更し、取り消し、又はその効力の停止を命ずることができる。
3　都道府県知事は、前項の規定による処分をしようとするときは、行政手続法第十三条第一項の規定による意見陳述のための手続の区分にかかわらず、聴聞を行わなければならない。
4　第一項又は第二項の規定による処分に係る聴聞の期日における審理は、公開により行わなければならない。

Ⅰ　趣旨

本条は、知事許可漁業の許可又は起業の認可を受けた者が知事許可漁業の適格性を喪失した場合などにおける当該許可又は起業の認可の取消し等について定めた法第58条において読み替えて準用する法第54条を確認的に記載したものである。

Ⅱ　解説

1　第1項

知事許可漁業の許可又は起業の認可（以下「許可等」という。）は、その申請に係る漁業と同種の漁業の許可の不当な集中に至るおそれがある場合（規則例第9条第1項第2号）又は許可等についての適格性を有する者でない場合（規則例第10条第1項各号）のいずれかに該当する者に対しては許可等をしてはならないものであるため、事後的に知事許可漁業の許可等を受けた者がこれらに該当することとなった場合についても、都道府県知事は、当該知事許可漁業の許可等を取り消さなければならないこととしたものである。

「取消し」とは、「許可」又は「起業の認可」という行政行為そのものを取り消すのではなく、当該行政行為の効果を消滅せしめる別個の行政行為である。

2　第2項

都道府県知事は、許可等を受けた者が漁業に関する法令の規定に違反したときは、当該許可等を変更し、取り消し、又は許可の効力の停止を命ずることができる。

知事許可漁業については、生産性要件（法第40条第1項第6号）及び生産性欠如による勧告（法第53条）の規定は準用していないことから、大臣許可漁業と異なり「勧告に従わないとき」は取消事由となっていない。

「漁業に関する法令」の意義については、規則例第10条第1項第1号の解説を参照のこと。

「変更」とは、規則例第11条第1項の規定により定められた制限措置を都道府県知事が変更することをいい、当該許可等を受けた者の同意を必要とするものではない。一方で、内容によっては生産活動に重大な影響を及ぼすため、第3項及び第4項で慎重な手続を行うことが定められている。

「許可の効力の停止」とは、一定の期間について、当該許可に係る知事許可漁業を営むことができない状態にすることをいう。

3　第3項・第4項

都道府県知事は、第1項又は第2項の規定による処分、すなわち許可等を変更し、取り消し、又は許可の効力の停止を命じようとするときは、公開による聴聞を行わなければならない。

第1項又は第2項の規定に基づき許可等を取り消そうとするときは、行政手続法第13条第1項の規定により聴聞を行わなければならないことは、行政手続法によって定められている。これに対し、第2項の規定に基づく許可等の変更及び許可の効力の停止については、行政手続法第13条第1項第2号に該当し、処分に先立って弁明の機会を付与しなければならないが、その内容によっては生産活動に重大な影響を及ぼし、手続保障を図る必要があるために、第3項及び第4項の規定により、公開による聴聞を行わなければならないこととされている。

また、必要に応じて、法に規定する手続に加えて、都道府県規則において海区漁業調整委員会の意見を聴くことを義務付けることは可能である。規則例第22条第1項及び第2項は、その場合の規定ぶりを示したものとなっている。

4　罰則

第2項の規定による停止期間中に当該漁業を営んだ者は、法第190条第6号により3年以下の懲役又は300万円以下の罰金に処される。また、没収規定(法第192条)、併科規定（法第194条）及び両罰規定（法第197条）の適用がある。

なお、第1項又は第2項の規定により許可等が取り消されたにもかかわらず当該許可に係る知事許可漁業を営んだ場合は無許可操業（法第190条第3号)、第2項の規定により許可等が変更されたにもかかわらずこれに反して当該許可に係る知事許可漁業を営んだ場合は制限措置違反（法第190条第4号）となる。

第23条　公益上の必要による許可等の取消し等

（公益上の必要による許可等の取消し等）
第二十三条　知事は、漁業調整その他公益上必要があると認めるときは、関係海区漁業調整委員会の意見を聴いて、許可又は起業の認可を変更し、取り消し、又はその効力の停止を命ずることができる。
２　前条第三項及び第四項の規定は、前項の規定による処分について準用する。

Ⅰ　趣旨

本条は、公益上の必要による知事許可漁業の許可又は起業の認可の取消しについて定めたものである。本条は、大臣許可漁業に関する法第55条と同様の規定であるが、法第58条がこれを準用していないため、各都道府県が漁業の実態等を踏まえ、必要に応じて定めることとなる。

Ⅱ　解説

１　第１項

漁業調整その他公益上必要があると認められるときは、都道府県知事は、知事許可漁業の許可又は起業の認可（以下「許可等」という。）を変更し、取り消し、又はその効力の停止（以下「許可等の変更等」という。）を命ずることができる。

「漁業調整」とは、特定水産資源の再生産の阻害の防止若しくは特定水産資源以外の水産資源の保存及び管理又は漁場の使用に関する紛争の防止のために必要な調整をいう（法第36条第１項）。漁業取締りもこれに含まれる。

「公益」の範囲については、これを限定的に考えるべきであり、漁業者に不安をもたらすような不当な解釈運用は避けるべきである。すなわち、ここでいう「公益」とは、船舶の航行、停泊及び係留、水底電線の敷設などが該当するものであり、また、「公益」に一応該当する場合であっても、「必要があると認めるとき」に該当するかどうかは、これを限定的に考えるべきである。したがって、本条の適用については、当該公益の重要度、その緊急度、漁業との関連、当事者間の交渉による解決の困難性等を具体的かつ慎重に検討の上、その適用の必要性を判断すべきものである。

「変更」、「取り消し」、「その効力の停止」の意義については、規則例第22条第１項及び第２項の解説を参照のこと。

2　第２項

都道府県知事は、第１項の規定による処分、すなわち許可等を変更し、取り消し、又は許可の効力の停止を命じようとするときは、公開による聴聞を行わなければならない（規則例第22条第３項及び第４項の解説を参照）。

3　罰則

第１項の規定による効力停止命令に違反して漁業を営んだ者は、規則例第61条第１項第３号により６か月以下の懲役又は10万円以下の罰金に処される。

なお、第１項の規定により許可等が取り消されたにもかかわらず当該許可に係る知事許可漁業を営んだ場合は無許可操業（法第190条第３号）、第２項の規定により許可等が変更されたにもかかわらずこれに反して当該許可に係る知事許可漁業を営んだ場合は制限措置違反（法第190条第４号）となる（規則例第22条の解説を参照）。

第24条　許可証の交付

（許可証の交付）

第二十四条　知事は、許可をしたときは、その者に対し次に掲げる事項を記載した許可証を交付する。

一　許可を受けた者の氏名及び住所（法人にあっては、その名称及び主たる事務所の所在地）

二　漁業種類

三　操業区域及び漁業時期

四　使用する船舶の名称、漁船登録番号、総トン数並びに推進機関の種類及び馬力数

五　許可の有効期間

六　条件

七　その他参考となるべき事項

Ⅰ　趣旨

本条は、許可証の交付について定めたものである。

Ⅱ　解説

許可を行ったとしても、当該者が許可を受けた者であることを確認できなければ、取締りの実効性を担保することができない。

そこで、本条は、許可をしたときは、許可を受けた者に対して、その証明書としての許可証を交付することとしている。ただし、規則例第16条第１項の規定により船舶の総トン数又は推進機関の馬力数の変更に係る許可をしたときは、その工事が終わったとき又は機関換装の終わったときでなければ、許可証としての交付ができないため、規則例第27条及び第29条において、その工事が終わったとき又は機関換装の終わったときに許可を受けた者からの届出を受けて書換え交付を行うこととされている。

なお、行政の電子化及び各都道府県の行政事務の実態に合わせて柔軟な対応ができるよう、規則例においては、許可証の様式ではなく、記載事項が定められている。

第25条　許可証の備付け等の義務

（許可証の備付け等の義務）
第二十五条　許可を受けた者は、当該許可に係る漁業を操業するときは、許可証を当該許可に係る船舶内に備え付け、又は自ら携帯し、若しくは操業責任者（船舶の船長、船長の職務を行う者又は操業を指揮する者をいう。以下同じ。）に携帯させなければならない。
2　前項の規定にかかわらず、許可証の書換え交付の申請その他の事由により許可証を行政庁に提出中である者が、当該許可に係る漁業を操業するときは、知事がその記載内容が許可証の記載内容と同一であり、かつ、当該許可証を行政庁に提出中である旨を証明した許可証の写しを、当該許可に係る船舶内に備え付け、又は自ら携帯し、若しくは操業責任者に携帯させれば足りる。
3　前項の場合において、許可証の交付又は還付を受けた者は、遅滞なく同項に規定する許可証の写しを知事に返納しなければならない。

Ⅰ　趣旨

本条は、許可証の備付け等の義務について定めたものである。

Ⅱ　解説

1　備付け等の義務（第１項）

許可を受けた者は、当該許可に係る漁業を操業するときは、許可証を当該許可に係る船舶内に備え付け、又は自ら携帯し、若しくは操業責任者に携帯（以下「備付け等」という。）させなければならない。

許可証は、許可をしたことを証明するものであり、取締りの観点からは操業中に確認する必要があるため、船舶内への備付け等を義務としたものである。

なお、大臣許可漁業については、許可証の船舶内への備付けが義務とされているが（漁業の許可及び取締り等に関する省令第21条）、知事許可漁業については船舶の規模が小さいものや船舶を使用しないものもあるため、許可証の携帯でもよいとされている。

２　許可証を行政庁に提出中である場合（第２項）

許可証を書換え申請等のために都道府県知事に提出しているような場合は、手元に許可証がないが、これにより操業できなくなるとすると、許可を有している者の操業を不当に制限するだけでなく、漁業生産力の発展の観点からも望ましくないため、この場合は、許可証を行政庁に提出中である旨を証明した許可証の写しを船舶内に備付け、又は自ら携帯するなどすれば足りる。

３　許可証の写しの返納（第３項）

許可証の書換えが終わるなどして、許可証の交付又は還付を受けた者は、遅滞なく許可証の写しを都道府県知事に返納しなければならない。

４　罰則

本条は、許可の実施に必要な実施命令であるとともに、漁業調整の観点からも必要な規定であり、法第119条第２項に基づいても定めることができる。同項に基づく規定は、法第119条第３項及び第４項により、罰則も規定することができる。このことから、本条第１項に違反した者に対する罰則が規則例第62条に規定されており、科料に処するとされている。また、本条第３項に違反した者に対する罰則が規則例第64条に規定されており、５万円以下の過料に処するとされている。

なお、許可証（又は許可証の写し）を備付け等しないで当該漁業を操業した場合であっても、許可証は許可を受けていることを証明するものであって、これを備付け等しないことをもって許可を受けていないと解することはできない。このため、備付け等義務違反になるにとどまり、無許可漁業とはならない。

第26条　許可証の譲渡等の禁止

（許可証の譲渡等の禁止）
第二十六条　許可を受けた者は、許可証又は前条第二項の規定による許可証の写しを他人に譲渡し、又は貸与してはならない。

Ⅰ　趣旨

本条は、許可証の譲渡等の禁止について定めたものである。

Ⅱ　解説

許可は、適格性（規則例第10条）等を審査した上で、特定の者を名宛人として行われる行政処分であるため、当該者以外の者が適格性等の審査を受けずに当該許可に係る漁業を営むことは認められない。

そこで、本条は、許可をしたことを証明するものである許可証の譲渡又は貸与（以下「譲渡等」という。）を禁止している。許可を受けていない者が許可証の譲渡又は貸与を受けて操業した場合、無許可漁業（法第190条第３号）となり、許可証を譲渡又は貸与した者は５万円以下の過料に処される（規則例第64条）。

なお、本条も規則例第25条と同様、許可の実施に必要な実施命令である。

第27条　許可証の書換え交付の申請

（許可証の書換え交付の申請）

第二十七条　許可を受けた者は、許可証の記載事項に変更が生じたとき（船舶の総トン数又は推進機関の馬力数の変更に係るものにあっては、その工事が終わったとき又は機関換装の終わったとき）は、速やかに、次に掲げる事項を記載した申請書を提出して、知事に許可証の書換え交付を申請しなければならない。

一　申請者の氏名及び住所（法人にあっては、その名称、代表者の氏名及び主たる事務所の所在地）

二　漁業種類

三　許可を受けた年月日及び許可番号

四　書換えの内容

五　書換えを必要とする理由

Ⅰ　趣旨

本条は、許可証の書換え交付の申請について定めたものである。

Ⅱ　解説

１　許可証の書換え交付の申請

許可証の書換え交付、再交付及び返納に関し必要な事項は、規則で定めることとされている（法第58条において準用する法第56条第２項）ため、本条は許可証の書換え交付に必要な申請手続について定めている。

許可証は、許可をしたことを証明するものであり、取締りの観点からは常に正確に許可の状況を確認できるよう、実態と許可証の記載事項が異ならないようにする必要がある。そこで、許可証の記載事項に変更が生じたときは、書換え交付を申請しなければならないこととされている。

変更の許可（規則例第16条）との関係については、制限措置の範囲内の変更であれば、本条の許可証の書換え交付の申請を行うことで足りる（規則例第16条の解説を参照）。

なお、行政の電子化及び各都道府県の行政事務の実態に合わせて柔軟な対応ができるよう、規則例においては、申請書の様式ではなく、記載事項が定められている。

2　罰則

本条に違反した者に対しては、規則例第64条に罰則が定められており、５万円以下の過料に処するとされている。

この点、法第58条において準用する法第56条第２項に基づき規則に定める規定については、違反のときの罰則に関する規定は定められない。

他方、許可証の書換え交付、再交付及び返納については、漁業調整の観点からも必要な規定であり、法第119条第２項に基づいても定めることができ、さらに同項に基づく規定に関しては、法第119条第３項及び第４項により、罰則も規定することができる。

異なる法規定の委任を受けて同じ規定を下位法令に定める場合、１つの規定としてまとめる例もある（平成30年改正前の漁業法第65条第１項及び水産資源保護法第４条第１項に基づき定められる規則の規定）ことから、許可証の書換え交付、再交付及び返納に関する規則における規定についても、法第58条において準用する法第56条第１項及び法第119条第２項の委任を受けて定めたものと解することができる。

第28条　許可証の再交付の申請

> （許可証の再交付の申請）
> 第二十八条　許可を受けた者は、許可証を亡失し、又は毀損したときは、速やかに、理由を付して知事に許可証の再交付を申請しなければならない。

Ⅰ　趣旨

本条は、許可証の再交付の申請について定めたものである。

Ⅱ　解説

１　許可証の再交付の申請

許可証の書換え交付、再交付及び返納に関し必要な事項は、規則で定めることとされている（法第58条において準用する法第56条第２項）ため、本条は許可証の再交付に必要な申請手続について定めている。

許可証は、許可をしたことを証明するものであり、取締りの実効性の担保の観点から備付け等の義務（規則例第25条）が定められている。しかし、許可証を亡失又は毀損した場合、当該義務違反となり操業できなくなるとすると、許可を有している者の操業を不当に制限するだけでなく、漁業生産力の発展の観点からも望ましくない。このため、本条は、許可証を亡失又は毀損した場合は、許可証の再交付を申請しなければならないとしている。

２　罰則

本条に違反した者に対しては、規則例第64条に罰則が定められており、５万円以下の過料に処するとされている。当該規定の根拠は、規則例第27条と同様であるため、同条の解説を参照のこと。

第29条　許可証の書換え交付及び再交付

（許可証の書換え交付及び再交付）
第二十九条　知事は、次に掲げる場合には、遅滞なく、許可証を書き換えて交付し、又は再交付する。
一　第十三条第二項の規定により許可若しくは起業の認可に条件を付け、又は同条第一項若しくは第二項の規定により付けた条件を変更し、若しくは取り消したとき。
二　第十六条第一項の許可（船舶の総トン数又は推進機関の馬力数の変更に係る許可を除く。）をしたとき。
三　第十七条第二項の規定による届出があったとき。
四　第二十二条第二項又は第二十三条第一項の規定により、許可を変更したとき。
五　第二十七条の規定による書換え交付又は前条の規定による再交付の申請があったとき。

Ⅰ　趣旨

本条は、許可証の書換え交付及び再交付について定めたものである。

Ⅱ　解説

都道府県知事は、次に掲げる場合には、遅滞なく、許可証を書き換えて交付し、又は再交付する。

⑴　第１号

都道府県知事は、許可又は起業の認可（以下「許可等」という。）に条件を付けたとき、条件を変更したとき、条件を取り消したときは、許可証を書き換えて交付する。

この条件の付与等は都道府県知事が行う処分であることから、自ら許可証を書き換えて交付することとしたものである。なお、規則例には規定しているが、当該条項は許可証に関する規定であるため、起業の認可について指令書で対応している場合は該当せず、これらの都道府県の規則において「若しくは起業の認可」は規定されていない。

⑵　第２号

都道府県知事は、変更の許可（規則例第16条第１項）をしたときは、許可証を書き換えて交付する。

これは、変更の許可をするのは都道府県知事であるため、申請を待たず職権で許可証を書き換えて交付することとしたものである。

ただし、船舶ごとに許可を要する漁業について、規則例第16条第１項の規定により船舶の総トン数又は推進機関の馬力数の変更に係る許可をしたときは、その工事が終わったとき又は機関換装の終わったときでなければ許可証の交付ができないため、本号からは除かれている。この場合は、規則例第27条に基づく申請により、許可証の書換え交付を行うこととなる。

⑶　第３号

許可等を受けた者が死亡し、解散し、又は分割をしたとき、規則例第17条第２項の規定に基づき承継人が届け出たときは、都道府県知事は、許可証を書き換えて交付する。

⑷　第４号

都道府県知事は、漁業関係法令に違反したとして規則例第22条第２項の規定に基づき許可等を変更したとき、又は公益上必要があるとして規則例第23条第１項の規定に基づき許可等を変更したときは、許可証を書き換えて交付する。

⑸　第５号

許可証の記載事項に変更が生じたとして規則例第27条に基づき許可証の書換え交付の申請があったとき、又は許可証を亡失又は毀損したとして許可証の再交付の申請があったときは、都道府県知事は、許可証を書き換えて交付し、又は再交付する。

第30条　許可証の返納

（許可証の返納）

第三十条　許可を受けた者は、当該許可がその効力を失い、又は取り消された場合には、速やかに、その許可証を知事に返納しなければならない。前条の規定により許可証の書換え交付又は再交付を受けた場合における従前の許可証についても、同様とする。

2　前項の場合において、許可証を返納することができないときは、理由を付してその旨を知事に届け出なければならない。

3　許可を受けた者が死亡し、又は合併以外の事由により解散し、若しくは合併により消滅したときは、その相続人、清算人又は合併後存続する法人若しくは合併によって成立した法人の代表者が前二項の手続をしなければならない。

Ⅰ　趣旨

本条は、許可証の返納について定めたものである。

Ⅱ　解説

許可を受けた者は、許可が失効又は取り消された場合は、速やかに、許可証を都道府県知事に返納しなければならない。

これは、許可証が許可をしたことを証明するものであることから、許可自体がなくなったにもかかわらず許可証が交付されていると、不正に使用されるおそれがあり、また、漁業取締りの観点からも望ましくないからである。

本条第１項又は第２項の規定に違反した者に対しては、規則例第64条に罰則が定められており、５万円以下の過料に処するとされている。当該規定の根拠は、規則例第27条と同様であるため、同条の解説を参照のこと。

第31条　許可番号を表示しない船舶の使用禁止

（許可番号を表示しない船舶の使用禁止）
第三十一条　許可を受けた者（第四条第一項第○号及び第○号に掲げる漁業の許可を受けた者を除く。次項において同じ。）は、当該許可に係る船舶の外部の両舷側の中央部に別記様式第一号による許可番号を表示しなければ、当該船舶を当該漁業に使用してはならない。
２　許可を受けた者は、当該許可がその効力を失い、又は取り消された場合には、速やかに、前項の規定によりした表示を消さなければならない。

Ⅰ　趣旨

本条は、許可番号を表示しない船舶を使用してはならない旨を定めたものである。

Ⅱ　解説

漁業によっては、操業の実態や法令違反が生じている状況等から、許可に係る船舶であることを識別しやすくし、取締りの実効性を担保する必要があるものがある。

そこで、このような必要性がある漁業については、許可に係る船舶に許可番号を表示することを義務付け、許可の状況が一見してわかるように本条が設けられている。

本条の規定に違反した者に対しては、規則例第62条に罰則が定められており、科料に処するとされている。当該規定の根拠は、規則例第25条第１項に違反した者に対する罰則と同様であるため、同条の解説を参照のこと。

第32条　特定の漁業の許可

（特定の漁業の許可）

第三十二条　漁業生産力の発展に特に寄与すると知事が認める試験研究又は新技術の企業化のために、次に掲げる漁業を営もうとする者は、知事の許可を受けなければならない。

一　○○漁業　・・・

二　○○漁業　・・・

2　前項の許可を受けようとする者は、同項各号に掲げる漁業ごとに、次に掲げる事項を記載した申請書を知事に提出しなければならない。

一　申請者の氏名及び住所（法人にあっては、その名称、代表者の氏名及び主たる事務所の所在地）

二　漁業の種類

三　操業区域、漁業時期、漁獲物の種類及び漁業根拠地

四　漁具の種類、数及び規模

五　使用する船舶の名称、漁船登録番号、総トン数並びに推進機関の種類及び馬力数

六　その他参考となるべき事項

3　次の各号のいずれかに該当する場合は、知事は、第一項の許可をしてはならない。

一　第九条第一項第二号に該当する場合

二　申請者が第十条第一項各号のいずれかに該当する者である場合

三　漁業調整のため必要があると認める場合

4　知事は、漁業調整その他公益上必要があると認めるときは、第一項の許可をするに当たり、許可に条件を付けることができる。

5　知事は、漁業調整その他公益上必要があると認めるときは、第一項の許可後、当該許可に条件を付けることができる。

6　第一項の許可の有効期間は、漁業の種類ごとに三年を超えない範囲内において知事が定めるものとする。

7　知事は、第一項の許可を受けた者が第九条第一項第二号又は第十条第一項各号のいずれかに該当することとなったときは、当該許可を取り消

さなければならない。
8　知事は、第一項の許可を受けた者が漁業に関する法令の規定に違反したときは、当該許可を変更し、取り消し、又はその効力の停止を命ずることができる。
9　第一項の許可を受けた者は、第二十一条第二項各号に掲げる事項を知事に報告しなければならない。
10　前項に定めるもののほか、同項の規定による報告に関し必要な事項は、知事が定めるものとする。
11　第八条第二項、第二十三条第一項及び第二十四条から第三十条までの規定は、第一項の許可について準用する。

Ⅰ　趣旨

本条は、特定の漁業の許可について定めたものである。

Ⅱ　解説

１　第１項

都道府県の地先沖合で営まれる漁業については、多種多様な漁業が営まれており、資源の分布・回遊状況の変化や漁ろう技術の発達等により、新たな漁業の技術開発も日々行われている。このような試験研究や新技術の企業化のために漁業を試行的に実施するものは、漁業生産力の発展に資するものである一方、一般的に既存の漁業よりも漁獲効率がよく、また、同一漁場への新たな参入となることが多く、資源や漁場をめぐって漁業調整上の問題を生じる可能性が高い。

そこで、許可により管理する必要が生じるが、このような漁業は、未だ漁業として安定する前のものであり、実施する者と期間を限定して許可する必要があるため、公示等の大臣許可漁業に準じた手続になじまない。

このため、知事許可漁業（法第57条第１項）とは別に、試験研究や新技術の企業化のために漁業を試行的に実施するものを許可により管理することを可能とするため、法第119条第１項に基づく許可制が設けられている。なお、現時点においては、当該許可に該当する漁業の種類は想定されていないが、該当する漁業の種類が明らかになった段階で規則を改正し、位置付けることとなる。

2　第２項〜第11条

第１項で定めた特定の漁業については、あらかじめ制限措置を定めて公示するなどの手続を経ることが困難であるため、大臣許可漁業に準じた手続になじまない部分があるが、これ以外の基本的な手続については、手続の公平性や透明性の観点から大臣許可漁業に準じた手続を経ることが適切である。このような観点から第２項から第11項までに特定の漁業の許可に関する手続が規定されている。

3　罰則

第１項で定める特定の漁業について、許可を受けずに操業した場合は、大臣許可漁業や知事許可漁業と同様に法律の罰則（無許可漁業の罪（法第180条第８号））、没収・追徴規定（法第192条）、併科規定（法第194条）、両罰規定（法第197条）が適用される。

第３章　水産資源の保護培養及び漁業調整に関するその他の措置

本章は、法第119条第１項若しくは第２項の規定に基づき、漁業調整のため、水産動植物の採捕に関する制限又は禁止等に関して必要な命令を定めている。また、同様に、水産資源保護法第４条第１項の規定に基づき、水産資源の保護培養のため水産動植物に有害な水質の汚濁等に関する制限又は禁止等に関して必要な命令を定めている。

都道府県ごとになすべき制限又は禁止については、その内容が極めて複雑で一律に規定することが困難であり、かつ、具体的事情に応じて随時変更することを要するものが多いため、立法技術上、都道府県の規則に委任されているのである（注１、２）。

また、これらの規定については、違反した者に対する罰則を設けることができるとされている（法第119条第３項、水産資源保護法第４条第２項）（注３）。

これらの法の趣旨を踏まえると、本章において定める規定は、制限又は禁止の内容が十分に明確であり、かつ、実際に取締りができる実効性のある規定でなければならない。

注１：都道府県や市町村が漁業調整及び水産資源の保護培養を行う目的で条例により水産動植物の採捕の制限又は禁止や水産動植物に有害な物の遺棄の制限等につき定めることについては、

① 機動的な漁業調整等を行う観点から都道府県規則に水産動植物の採捕に関する制限又は禁止等を定めることを委任した法第119条第１項及び第２項並びに水産資源保護法第４条第１項の趣旨に反すること

② 立法機関たる議会が制定する条例に対しては漁業者等が主体的に関与することは不可能であり、規則の制定又は改廃に当たって海区漁業調整委員会又は内水面漁場管理委員会の実質的な関与を求める法第119条第８項及び水産資源保護法第４条第７項の趣旨に反すること

③ 広域的な漁業調整の観点から都道府県規則の制定について農林水産大臣の認可を要することとしている一方で、都道府県がこのような手続を経ずに実質的に同じ内容の条例を規定することは地方自治法第14条第１項の「法令に違反しない限りにおいて」の趣旨に照らして不適切であること

を踏まえ、漁業法及び水産資源保護法は容認していないものと解される。また、条例による、いわゆる「上乗せ規制」についても、同様に認められないものと解される。

注2：都道府県知事が法第119条第1項及び第2項並びに水産資源保護法第4条第1項の規定に基づいて定める規則の禁止区域、禁止期間等についての規定は、漁業権漁業に対しても当然適用される。

注3：罰則を都道府県の規則に委任することについて、憲法第31条の罪刑法定主義との関係が問題となるが、法律の委任の規定が相当に具体的であり、かつ、都道府県の規則がその範囲内であれば、都道府県の規則に委任することは憲法第31条に反しない。この点に関する判例として、昭和49年12月20日最高裁第二小法廷判決がある。

第33条　漁業の禁止

（漁業の禁止）
第三十三条　何人も、次に掲げる漁業を営んではならない。
一　次に掲げる水産動植物の採捕を目的として営む漁業
イ　○○（以下「○○漁業」という。）
ロ　○○（以下「○○漁業」という。）
二　次に掲げる漁業の方法により営む漁業
イ　沖縄式追込網（以下「沖縄式追込網漁業」という。）
ロ　空釣こぎ（以下「空釣こぎ漁業」という。）

Ⅰ　趣旨

本条は、法第119条第１項の規定に基づき、漁業の禁止について定めたものである。

Ⅱ　解説

漁業の禁止は、特定の漁業を営むことを全面的に禁止するものである。

禁止の対象となる漁業は、当該漁業を営むことを認めると、採捕しない水産動植物まで傷付ける、水産資源を容易に採り尽くしてしまうなど資源への影響が大きい、激しい漁場紛争が生じるおそれがあるなど漁業調整の観点から問題があるものなどが想定されている。

なお、本条は「営む」ことを禁止しているため、試験研究や教育実習等の営利性を伴わない採捕は可能であるが、体長制限や禁止期間等、他に採捕行為を禁止する規定が定められていることがあるため、注意が必要である。

本条に違反した者に対する罰則については、法第190条第８号に定められており、３年以下の懲役又は300万円以下の罰金に処される。また、没収規定（法第192条）、併科規定（法第194条）及び両罰規定（法第197条）の適用がある。

第34条　内水面における水産動植物の採捕の許可

（内水面における水産動植物の採捕の許可）
第三十四条　内水面において次に掲げる漁具又は漁法によって水産動植物を採捕しようとする者は、漁具又は漁法ごとに知事の許可を受けなければならない。
一　やな
二　まき網
三　打瀬網
四　す建網
五　刺し網
六　建干網
七　石かま漁法（石倉漁法を含む。）
八　鵜飼漁法
九　・・・
2　前項の規定は、次に掲げる場合には適用しない。
一　第四条第一項又は第三十二条第一項の規定による許可を受けた者が当該許可に基づいて採捕する場合
二　漁業権又は組合員行使権を有する者がこれらの権利に基づいて採捕する場合
三　法第百七十条第一項の遊漁規則に基づいて採捕する場合
3　第一項の許可（以下この条において「採捕の許可」という。）を受けようとする者は、漁具又は漁法ごとに、次に掲げる事項を記載した申請書を知事に提出しなければならない。
一　申請者の氏名及び住所（法人にあっては、その名称、代表者の氏名及び主たる事務所の所在地）
二　採捕の種類
三　採捕する区域、期間及び水産動植物の種類
四　漁具の数及び規模
五　使用する船舶の名称、漁船登録番号、総トン数並びに推進機関の種類及び馬力数

六　採捕に従事する者の氏名及び住所
七　その他参考となるべき事項
4　次の各号のいずれかに該当する場合は、知事は、採捕の許可をしてはならない。
一　申請者が第十条第一項第一号から第四号までのいずれかに該当する者である場合
二　漁業調整のため必要があると認める場合
5　採捕の許可の有効期間は、三年とする。ただし、漁業調整のため必要があると認められるときは、知事は、三年を超えない範囲内で、内水面漁場管理委員会の意見を聴いて、その期間を別に定めることができる。
6　採捕の許可を受けた者が死亡し、解散し、又は分割（当該許可に係る事業の全部を承継させるものに限る。）をしたときは、当該許可は、その効力を失う。
7　知事は、採捕の許可を受けた者がその許可を受けた日から六月間又は引き続き一年間その許可に係る漁具又は漁法により水産動植物を採捕しないときは、内水面漁場管理委員会の意見を聴いて、その許可を取り消すことができる。
8　採捕の許可を受けた者の責めに帰すべき事由による場合を除き、第十三項において準用する第二十三条第一項の規定により許可の効力を停止された期間及び法第百二十条第一項の規定による指示若しくは同条第十一項の規定による命令により第一項各号に掲げる漁具又は漁法による水産動植物の採捕を禁止された期間は、前項の期間に算入しない。
9　知事は、採捕の許可をしたときは、その者に対し次に掲げる事項を記載した許可証を交付する。
一　採捕の許可を受けた者の氏名及び住所（法人にあっては、その名称及び主たる事務所の所在地）
二　採捕に従事する者の氏名及び住所
三　使用する船舶の名称及び漁船登録番号
四　許可の有効期間
五　条件
六　その他参考となるべき事項

10　採捕の許可を受けた者は、当該許可に係る漁具又は漁法により水産動植物を採捕するときは、前項の許可証を自ら携帯し、又は採捕に従事する者に携帯させなければならない。
11　前項の規定にかかわらず、許可証の書換え交付の申請その他の事由により許可証を行政庁に提出中である者が、当該許可に係る漁具又は漁法により水産動植物を採捕するときは、知事がその記載内容が許可証の記載内容と同一であり、かつ、当該許可証を行政庁に提出中である旨を証明した許可証の写しを自ら携帯し、又は採捕に従事する者に携帯させれば足りる。
12　前項の場合において、許可証の交付又は還付を受けた者は、遅滞なく同項に規定する許可証の写しを知事に返納しなければならない。
13　第八条第二項、第九条第二項及び第三項、第十三条、第二十条第三項、第二十二条、第二十三条並びに第二十六条から第三十条までの規定は、採捕の許可について準用する。

Ⅰ　趣旨

本条は、法第119条第２項第１号の規定に基づき、内水面における水産動植物の採捕の許可について定めたものである。

Ⅱ　解説

１　採捕の許可（第１項）

河川や湖等の内水面においては、いわゆる遊漁者による採捕やレクリエーションのための採捕、自家消費のための採捕など、漁業以外の水産動植物の採捕が多く行われている。

一方、内水面における水産資源は、増殖しなければ資源が減少する水産動植物が多いという特徴がある（注）。

そこで、本条は、漁業者に限らず、内水面において特定の漁具又は漁法により水産動植物を採捕しようとする者は都道府県知事の許可を受けなければならないこととしている。

2　適用除外（第２項）

内水面における水産資源の管理という趣旨からすると、以下の場合は、それぞれの制度により内水面における水産動植物の採捕が管理されていることから、重ねて本条第１項の許可を受ける必要はない。

①　知事許可漁業の許可を受けた者（規則例第４条第１項）又は特定の漁業の許可を受けた者（規則例第32条第１項）が当該許可に基づいて採捕する場合

②　漁業権又は組合員行使権を有する者がこれらの権利に基づいて採捕する場合

③　遊漁規則に基づいて採捕する場合

3　許可の手続（第３項～第13項）

許可の手続については、知事許可漁業の許可の手続と基本的な考え方は同じである。すなわち、知事許可漁業については、平成30年の法改正において、許可制度をより公正かつ安定的な制度として運用するため、透明性の高い手続が法定され、この趣旨は採捕の許可制度についても同様であるため、基本的な手続自体は知事許可漁業の許可と同様とし、申請事項や許可の有効期間等の技術的な事項は内水面における水産動植物の採捕の特質に応じて定めている。

また、行政の電子化及び各都道府県の行政事務の実態に合わせて柔軟な対応ができるよう、規則例においては、申請書及び許可証の様式ではなく、記載事項が定められている。

注　：内水面における第５種共同漁業の免許を受けた者については、増殖義務が課されている（法第168条）。

第35条　保護水面における採捕の禁止

（保護水面における採捕の禁止）

第三十五条　何人も、次の表の上欄に掲げる保護水面（水産資源保護法第十八条第一項の規定によって指定されたものをいう。）の区域において、同表の中欄に掲げる期間中、それぞれ同表の下欄に掲げる水産動植物を採捕してはならない。

保護水面の区域	禁止期間	水産動植物
次に掲げるア、イ、ウ、エ及びアの各点を順次結んだ線によって囲まれた水面 ア　北緯○○度○○分○○秒東経○○度○○分○○秒の点 イ　北緯○○度○○分○○秒東経○○度○○分○○秒の点 ウ　北緯○○度○○分○○秒東経○○度○○分○○秒の点 エ　北緯○○度○○分○○秒東経○○度○○分○○秒の点	○月○日から○月○日まで	全ての水産動植物
次に掲げるア及びイの点を結んだ線から上流の○○川本流の水面 ア　北緯○○度○○分○○秒東経○○度○○分○○秒の点 イ　北緯○○度○○分○○秒東経○○度○○分○○秒の点	○月○日から○月○日まで	○○○

Ⅰ　趣旨

本条は、法第119条第２項第１号の規定に基づき、保護水面における採捕の禁止について定めたものである。

Ⅱ　解説

「保護水面」とは、水産動物が産卵し、稚魚が生育し、又は水産動植物の種苗が発生するのに適している水面であって、その保護培養のために必要な措置を講ずべき水面として都道府県知事又は農林水産大臣が指定する区域をいう

（水産資源保護法第17条）。

都道府県知事は、保護水面の指定をするときは、管理計画を定めなければならないとされており（同法第21条第１項）、この管理計画には少なくとも以下の事項を定めなければならないとされている（同法第21条第２項）。

① 増殖すべき水産動植物の種類並びにその増殖の方法及び増殖施設の概要

② 採捕を制限し、又は禁止する水産動植物の種類及びその制限又は禁止の内容

③ 制限し、又は禁止する漁具又は漁船及びその制限又は禁止の内容

管理計画の実施に当たって、特に②及び③は、私人の権利義務を制限する重大な規制であるとともに、実効性の担保のために罰則を規定する必要があることから、②又は③に関する規制を定めることを法律により委任されており、かつ、罰則を規定することができる規則に規定する必要がある。

そこで、本条が設けられている。この場合、管理計画の内容と調整規則の規定に齟齬が生じることのないように注意しなければならない。

第36条　禁止期間

（禁止期間）

第三十六条　何人も、次の表の上欄に掲げる水産動植物を、それぞれ同表の下欄に掲げる期間中、採捕してはならない。ただし、第四条第一項の規定による許可を受けた者が当該許可に基づいて内水面において採捕する場合又は第一種共同漁業若しくは第三種区画漁業を内容とする漁業権若しくはこれらに係る組合員行使権に基づいて種苗として採捕する場合は、この限りでない。

水産動植物	禁止期間
あゆ	一月一日から五月三十一日まで
しらうお	○月○日から○月○日まで
あかがい	○月○日から○月○日まで
たいらぎ	○月○日から○月○日まで
なまこ	○月○日から○月○日まで
てんぐさ	○月○日から○月○日まで
わかめ	○月○日から○月○日まで
・・・	・・・

２　前項の規定に違反して採捕した水産動植物又はその製品は、所持し、又は販売してはならない。

Ⅰ　趣旨

本条は、法第119条第２項第１号の規定に基づき特定の水産動植物についてその採捕を禁止する期間を定めるとともに、同項第２号の規定に基づき禁止に違反して採捕した水産動植物等の所持又は販売を禁止する旨を定めたものである。

Ⅱ　解説

１　採捕の禁止期間（第１項）

水産動植物の採捕の禁止期間は、主として、当該水産動植物の保存及び管理の観点から定められている。すなわち、産卵期や発芽期（その前後期を含む。）などに採捕をすることにより再生産が阻害されるおそれがある水産動植物について、その採捕を禁止することによって、当該水産動植物の持続的な利用を確保することを趣旨としている。

禁止期間を定める必要がある水産動植物の種類や採捕を禁止する期間は、各都道府県の実情に応じて異なり得るが、複数の都道府県と接する水面については、規制としても取締りの観点からも整合性がとれるように禁止期間を指定する必要がある。例えば、ある湖が4都道府県に接しているような場合、基本的には、当該4都道府県で同一の水産動植物について同一の禁止期間を指定することになる。

なお、「採捕」とは、自然的状態にある水産動植物を人の所持その他事実上の支配下に移す行為をいう。

「採捕」は、「人の所持その他事実上の支配下に移す行為」であれば足り、その行為の結果として水産動植物を必ずしも所持する必要はない。したがって、禁止期間中に採捕を行った者は、結果として採捕を禁止されている水産動植物をとらなかったとしても、罰則が適用される。

また、特定の水産動植物の採捕の禁止期間中に複数回にわたって違法に採捕した場合、それぞれの採捕は個々の行為であり、採捕ごとに一罪を構成する。

さらに、特定の水産動植物の採捕の禁止期間中に、無許可で操業した場合、禁止期間と無許可操業とは、その立法趣旨、規制の対象、侵害法益、犯罪の性格、態様、構成等が異なることから、これら行為が一個の行為であるとは言えず、併合罪となる(注)。

なお、養殖中の水産動植物は、既に人の所有下にあるものであるため、これを単に採取する者は、ここでいう「採捕」には当たらない。

2　所持又は販売の禁止（第2項）

所持・販売の規制は、

①　違法な採捕やこれを助長する流通行為を排除し、採捕の禁止等の実効性を確保すること

②　違法に採捕された水産動植物又はその製品を流通させないこと

等をその趣旨として設けられているものである。

また、違法に水産動植物を採捕し、これを船上に積載所持した場合等におけ

る所持は、採捕の一連の行為であるため、第１項の採捕罪は構成するが、第２項の所持罪は構成しない。

3　罰則

本条に違反した者に対しては、規則例第61条第１項第１号に罰則が定められており、６か月以下の懲役又は10万円以下の罰金に処するとされている。また、没収規定（規則例第61条第２項）及び両罰規定（規則例第63条）の適用がある。

注　：昭和46年３月18日福岡高裁刑判決（昭和45年（う）第120号、第123号、第128号）

一　宮崎県漁業調整規則第35条第１項、第56条第１項第１号が禁止する採捕行為は、本来的に個々の行為であって業態的（集合的）行為ではなく、出漁ごとに「いせえび」を採捕すると同時に既遂に達し、各採捕ごとに一罪を構成する。

二　同規則第35条第２項における販売行為は、単なる「有償の譲り渡し」を意味するに過ぎないものと解され、各販売行為はその販売のつど、その回数ごとに独立した一罪を構成する。

三「いせえび」採捕禁止期間中になされた無許可操業と「いせえび」の不法採捕とは、その立法趣旨、規制の対象、侵害法益、犯罪の性格、態様並びに構成等を異にするものであるから、これらを純然たる一個の行為であると法的に評価することはできず、両者は併合罪の関係にある。

第37条　全長等の制限

（全長等の制限）

第三十七条　何人も、次の表の上欄に掲げる水産動植物であって、それぞれ同表の下欄に掲げる大きさのものを採捕してはならない。ただし、第四条第一項第一号に掲げるもじゃこ漁業若しくは同項第二号に掲げるうなぎ稚魚漁業の許可に基づいて採捕する場合又は第一種共同漁業若しくは第三種区画漁業を内容とする漁業権若しくはこれらに係る組合員行使権に基づいて種苗として採捕する場合は、この限りでない。

水産動植物	大きさ
うなぎ	全長三十センチメートル以下
こい	全長○○センチメートル以下
ぶり	全長十五センチメートル以下
あさり	殻長○○センチメートル以下
さざえ	殻長○○センチメートル以下
・・・	・・・

2　何人も、内水面において、いわな、さけ、ます（にじますを除く。）又はにじますの産んだ卵を採捕してはならない。

3　前二項の規定に違反して採捕した水産動植物又はその製品は、所持し、又は販売してはならない。

Ⅰ　趣旨

本条は、法第119条第２項第１号の規定に基づき採捕を禁止する水産動植物の大きさを定めるとともに、同項第２号の規定に基づき禁止に違反して採捕した水産動植物等の所持又は販売を禁止する旨を定めたものである。

Ⅱ　解説

1　全長等の制限（第１項）

採捕を禁止する水産動植物の大きさは、主として、当該水産動植物の保存及び管理の観点から定められている。すなわち、稚魚や稚貝等を採捕することにより再生産が阻害されるおそれがある水産動植物の採捕を禁止することによって、当該水産動植物の持続的な利用を確保することを趣旨としている。

具体的に採捕を禁止する水産動植物の大きさは、各都道府県の実情に応じて異なりうるが、複数の都道府県と接する水面における採捕の禁止については、規制としても取締りの観点からも整合性がとれるように定める必要がある。

なお「採捕」の考え方については、規則例第36条の解説を参照のこと。

２　所持又は販売の禁止（第２項）

規則例第36条第２項の解説を参照のこと。

３　罰則

本条に違反した者に対しては、規則例第61条第１項第１号に罰則が定められており、６か月以下の懲役又は10万円以下の罰金に処するとされている。また、没収規定（規則例第61条第２項）及び両罰規定（規則例第63条）の適用がある。

第38条　漁具漁法の制限及び禁止

（漁具漁法の制限及び禁止）
第三十八条　何人も、次に掲げる漁具又は漁法により水産動植物を採捕してはならない。
一　水中に電流を通じてする漁法
二　動力を利用する瀬干漁法
三　・・・

Ⅰ　趣旨

本条は、法第119条第２項第１号の規定に基づき、特定の漁具又は漁法による水産動植物の採捕を禁止するものである。

Ⅱ　解説

本条は、水産資源への影響が極めて大きい特定の漁具又は漁法による採捕を全面的に禁止するものである。

具体的に採捕を禁止する漁具又は漁法は、各都道府県の実情に応じて異なりうるが、規則例に定められている「水中に電流を通じてする漁法」及び「動力を利用する瀬干漁法」は、いずれも水産動植物を根こそぎに採捕するものであり、資源への影響が極めて大きいため、いずれの都道府県においても禁止されている。

なお、「採捕」は、「人の所持その他事実上の支配下に移す行為」であれば足り、その行為の結果として水産動植物を必ずしも所持する必要はない（規則例第36条の解説を参照）。このため、水産動植物を採捕する目的を持って水中に電流を通じた場合、その結果として水産動植物を取得しなくとも、容易に捕捉しやすい状態においていることから、本条に違反する。

本条に違反した者に対しては、規則例第61条第１項第１号に罰則が定められており、６か月以下の懲役又は10万円以下の罰金に処するとされている。また、没収規定（規則例第61条第２項）及び両罰規定（規則例第63条）の適用がある。

第39条

第三十九条　次の表の上欄に掲げる漁具又は漁法により水産動植物を採捕する場合は、それぞれ同表の下欄に掲げる範囲でなければならない。

漁具又は漁法	範囲
建干網	網目　十五センチメートルにつき○節以下
す建、す干	すの間隔　○○センチメートル以上
○○をとることを目的とする桁	幅　○○センチメートル以下 爪の間隔　○○センチメートル以上
○○をとることを目的とする○○網	網目　十五センチメートルにつき○節以下（もじ網にあっては五十センチメートルにつき○○以下）
自家用釣《つり》餌《じ》料をとることを目的とする小型機船底びき網	ビームの長さ　○○センチメートル以下
○○をとることを目的とする流し網	網目　十五センチメートルにつき○節以下 反数　○○反以下
四手網	網目　十五センチメートルにつき○節以下
地びき網	袖網の長さ　○○メートル以下

Ⅰ　趣旨

本条は、法第119条第２項第１号の規定に基づき、特定の漁具又は漁法について、その範囲を指定して、それによる水産動植物の採捕を禁止するものである。

Ⅱ　解説

採捕に使用することを禁止する漁具又は漁法は、主として、水産動植物の保存及び管理の観点から定められている。すなわち、稚魚や稚貝を採捕してしまう、漁獲能力が高いなどの理由により、採捕に使用した場合に再生産が阻害されるおそれがある漁具又は漁法は、それによる資源への影響を緩和する必要があるため、その範囲を指定して、水産動植物の採捕を禁止している。

例えば、建干網は、河川の河口付近に杭を立てて網を張り、干潮まで待って、潮が引いた時点に残っている魚類等をとるという漁具であるが、漁獲効率が高い漁具であるため、小型魚の採捕を防止する観点から、網目の大きさを制限している。

また、す建は、竹や木を建てて魚捕部に魚類等を誘導して獲る漁法という漁具であるが、建干網と同様に漁獲効率が高い漁具であるため、小型魚の採捕を防止する観点から、網目の大きさを制限している。

規則例の規制は例示であり、具体的に採捕を禁止する漁具又は漁法の範囲については、地域によって異なり得るが、複数の都道府県と接する水面における採捕の禁止については、規制としても取締りの観点からも整合性がとれるように定める必要がある。

なお「採捕」の考え方については、規則例第36条の解説を参照のこと。

本条に違反した者に対しては、規則例第61条第１項第１号に罰則が定められており、６か月以下の懲役又は10万円以下の罰金に処するとされている。また、没収規定（規則例第61条第２項）及び両罰規定（規則例第63条）の適用がある。

第40条　禁止区域等

第四十条　何人も、次に掲げる区域内においては、水産動植物を採捕してはならない。
一　次に掲げるア、イ、ウ、エ及びアの各点を順次結んだ線によって囲まれた水面
ア　北緯○○度○○分○○秒東経○○度○○分○○秒の点
イ　北緯○○度○○分○○秒東経○○度○○分○○秒の点
ウ　北緯○○度○○分○○秒東経○○度○○分○○秒の点
エ　北緯○○度○○分○○秒東経○○度○○分○○秒の点
二　・・・

Ⅰ　趣旨

本条は、法第119条第２項第１号の規定に基づき、水産動植物の採捕を禁止する区域を定めたものである。

Ⅱ　解説

１　禁止区域

水産動植物の採捕を禁止する区域は、主として、当該水産動植物の保存及び管理の観点から定められている。すなわち、水産動植物が産卵、生育しやすい海域で採捕をすることや複数の漁業が競合する海域で過剰な漁獲が行われることにより再生産が阻害されるおそれがある水産動植物について、その採捕を禁止することによって、当該水産動植物の持続的な利用を確保することを趣旨としている。

本条は、全ての水産動植物について周年にわたり採捕を禁止するものを定めており、水産動植物の産卵、生育上特に重要な水面が指定される。

禁止区域を定めるに当たっては、取締り上基点が明確である必要があることから、緯度経度を具体的に指定して規定することが適当である。

なお「採捕」の考え方については、規則例第36条の解説を参照のこと。

2　罰則

本条に違反した者に対しては、規則例第61条第１項第１号に罰則が定められており、６か月以下の懲役又は10万円以下の罰金に処するとされている。また、没収規定（規則例第61条第２項）及び両罰規定（規則例第63条）の適用がある。

第41条

第四十一条　何人も、次の表の上欄に掲げる水産動植物を、同表の中欄に掲げる期間中、同表の下欄に掲げる区域において採捕してはならない。

水産動植物	禁止期間	禁止区域
一　あゆ	十月一日から十二月三十一日まで	内水面
二　いわな（全長○○センチメートル以下のものに限る。）	十月一日から翌年三月三十一日まで	内水面
三　さけ	周年	内水面
四　たい（全長○○センチメートル以下のものに限る。）	○月○日から○月○日まで	海面
五　にじます（全長○○センチメートル以下のものに限る。）	○月○日から○月○日まで	内水面
六　ます（にじますを除き、全長○○センチメートル以下のものに限る。）	○月○日から○月○日まで	内水面
七　いせえび（体長○○センチメートル以下のものに限る。）	周年	海面
八　いせえび（体長○○センチメートルを超えるものに限る。）	九月一日から九月三十日まで	次に掲げるア、イ、ウ、エ及びアの各点を順次結んだ線によって囲まれた水面 ア　北緯○○度○○分○○秒東経○○度○○分○○秒の点 イ　北緯○○度○○分○○秒東経○○度○○分○○秒の点 ウ　北緯○○度○○分○○秒東経○○度○○分○○秒の点 エ　北緯○○度○○分○○秒東経○○度○○分○○秒の点

九　あわび（殻長○○センチメートル以下のものに限る。）	周年	海面
十　あわび（殻長○○センチメートルを超えるものに限る。）	○月○日から○月○日まで	海面
十一　はまぐり（殻長○○センチメートル以下のものに限る。）	周年	海面
十二　はまぐり（殻長○○センチメートルを超えるものに限る。）	○月○日から○月○日まで	海面
十三　ほたてがい	○月○日から○月○日まで	次に掲げるア、イ、ウ、エ及びアの各点を順次結んだ線によって囲まれた水面 ア　北緯○○度○○分○○秒東経○○度○○分○○秒の点 イ　北緯○○度○○分○○秒東経○○度○○分○○秒の点 ウ　北緯○○度○○分○○秒東経○○度○○分○○秒の点 エ　北緯○○度○○分○○秒東経○○度○○分○○秒の点
・・・	・・・	・・・

2　第四条第一項の規定による許可を受けた者が当該許可に基づいて内水面において採捕する場合又は第一種共同漁業若しくは第三種区画漁業を内容とする漁業権若しくはこれらに係る組合員行使権に基づいて種苗として採捕する場合は、前項の表の第○号から第○号までの規定は適用しない。

3　第一項の表の第○号の規定に違反して採捕した水産動植物又はその製品は、所持し、又は販売してはならない。

Ⅰ　趣旨

本条は、法第119条第２項第１号の規定に基づき特定の水産動植物を特定の期間中、特定の区域において採捕することを禁止する旨を定めるとともに、同項第２号の規定に基づき禁止に違反して採捕した水産動植物等の所持又は販売を禁止する旨を定めたものである。

Ⅱ　解説

１　採捕の禁止（第１項）

本条は、主として、水産動植物の保存及び管理の観点から定められており、規則例第36条の禁止期間、規則例第37条の全長制限及び規則例第40条の禁止区域を組み合わせたものである。

採捕の制限又は禁止は、水産動植物の保存及び管理の観点から重要なものである一方、一般私人の自由を制限するものであることから必要最小限でなければならない。そこで、本条は、採捕の制限又は禁止の範囲を必要最小限とするため、規制の対象となる水産動植物の大きさ、禁止期間及び禁止区域を必要な範囲に限って定めたものである。

なお「採捕」の考え方については、規則例第36条の解説を参照のこと。

２　適用除外（第２項）

規則例第４条第１項の規定による許可を受けた者が当該許可に基づいて内水面において採捕する場合や、第一種共同漁業若しくは第三種区画漁業を内容とする漁業権又はこれらに係る組合員行使権に基づいて種苗として採捕する場合は、当該制限を適用しないこととしている。

これは、規制の重複を避けるとともに、漁業権に基づく管理がなされている水面において地まき用の種苗として稚貝を採捕する場合等に規制がかからないようにするためである。

３　所持又は販売の禁止（第３項）

規則例第36条第２項の解説を参照のこと。

４　罰則

本条に違反した者に対しては、規則例第61条第１項第１号に罰則が定められており、６か月以下の懲役又は10万円以下の罰金に処するとされている。また、没収規定（規則例第61条第２項）及び両罰規定（規則例第63条）の適用がある。

第42条　河口付近における採捕の制限

（河口付近における採捕の制限）

第四十二条　何人も、次の表の第一欄に掲げる河川の河口付近であって同表の第二欄に掲げる区域において、同表の第三欄に掲げる漁具又は漁法により、同表の第四欄に掲げる期間中、水産動植物を採捕してはならない。ただし、第一種共同漁業若しくは第三種区画漁業を内容とする漁業権又はこれらに係る組合員行使権に基づいて採捕する場合は、この限りでない。

河川名	禁止区域	禁止漁具・漁法	禁止期間
○○川河口	次に掲げるア及びイの点を結んだ線からウ及びエの点を結んだ線に至る間の水面 ア　北緯○○度○○分○○秒東経○○度○○分○○秒の点 イ　北緯○○度○○分○○秒東経○○度○○分○○秒の点 ウ　北緯○○度○○分○○秒東経○○度○○分○○秒の点 エ　北緯○○度○○分○○秒東経○○度○○分○○秒の点	手釣、竿釣（引掛竿釣及びこれに類するものを除く。）以外の漁具・漁法	○月○日から○月○日まで

Ⅰ　趣旨

本条は、法第119条第２項第１号の規定に基づき、河口付近における採捕の制限について定めたものである。

Ⅱ　解説

河口付近は、河川を遡上・降下する水産動物が集まってくる場所等であり、このような場所で効率的な漁具又は漁法を用いると資源への影響が大きくなるとの観点から、禁止漁具又は漁法、禁止期間を限定して採捕を禁止している。

なお「採捕」の考え方については、規則例第36条の解説を参照のこと。

本条に違反した者に対しては、規則例第61条第１項第１号に罰則が定められており、６か月以下の懲役又は10万円以下の罰金に処するとされている。また、没収規定（規則例第61条第２項）及び両罰規定（規則例第63条）の適用がある。

第43条　夜間の採捕の禁止

（夜間の採捕の禁止）
第四十三条　何人も、次に掲げる漁具又は漁法により午前零時から午前○時まで及び午後○時から午後十二時までの間、水産動植物を採捕してはならない。
一　○○網（内水面において採捕する場合に限る。）
二　○○網

Ⅰ　趣旨

本条は、法第119条第２項第１号の規定に基づき、夜間における水産動植物の採捕を禁止したものである。

Ⅱ　解説

水産動植物の中には夜間に集まる性質があるものや動きが鈍くなるものがあるため、夜間に漁獲効率の高い漁具又は漁法により採捕を行うことによって水産資源へ大きな影響を与えるおそれがある。

このため、本条は、夜間に特定の漁具又は漁法により採捕をすることを禁止することにより、過剰な漁獲によって水産動植物の再生産の阻害を防止することを趣旨としている。

本条に違反した者に対しては、規則例第61条第１項第１号に罰則が定められており、６か月以下の懲役又は10万円以下の罰金に処するとされている。また、没収規定（規則例第61条第２項）及び両罰規定（規則例第63条）の適用がある。

第44条　火船の数の制限

（火船の数の制限）

第四十四条　次の表の上欄に掲げる漁業につき火船を使用できる数は、一統につき、それぞれ同表の下欄の隻数の範囲内でなければならない。

漁業種類	火船の数の範囲
○○漁業	○隻以下
○○漁業	○隻以下

Ⅰ　趣旨

本条は、法第119条第２項第３号の規定に基づき、漁業に使用できる火船の数の制限を定めたものである。

Ⅱ　解説

漁業の中には、水産動植物の夜間における集光性に基づいて集魚灯を利用して行われるものがある。火船は、集魚灯を設置した船であり、効果的に集魚行為を行うことができることから、過剰な漁獲により水産資源に大きな影響を与えることを防止するため、本条は、使用できる火船の数を制限している。

本条に違反した者に対しては、規則例第61条第１項第１号に罰則が定められており、６か月以下の懲役又は10万円以下の罰金に処するとされている。また、没収規定（規則例第61条第２項）及び両罰規定（規則例第63条）の適用がある。

第45条　溯河魚類の通路を遮断して行う水産動植物の採捕の制限

（溯河魚類の通路を遮断して行う水産動植物の採捕の制限）
第四十五条　次の表の上欄に掲げる区域において溯河魚類の通路を遮断する漁具又は漁法によって水産動植物の採捕を行う場合には、それぞれ同表の下欄に掲げる範囲の魚道を開通しなければならない。

区域	魚道を開通すべき範囲
○○川	河川流幅の○分の一以上
○○川	河川流幅の○分の一以上

Ⅰ　趣旨

本条は、法第119条第２項第１号の規定に基づき、遡河魚類の通路を遮断して行う水産動植物の採捕の制限について定めたものである。

Ⅱ　解説

さけ、ます、わかさぎ等、産卵時などに海から川へ上る回遊魚（溯河魚類）があるが、これらの水産動植物の通路を遮断する漁具や漁法により水産動植物の採捕が行われると、産卵等ができなくなるため、再生産を阻害し、水産資源に重大な影響を与えることとなる。

そこで、本条は、水産資源の保存及び管理の観点から、溯河魚類の通路となっている区域において、当該溯河魚類の通路を遮断する漁具又は漁法によって水産動植物の採捕を行う場合には、一定の魚道を確保しなければならないこととしたものである。

本条に違反した者に対しては、規則例第61条第１項第１号に罰則が定められており、６か月以下の懲役又は10万円以下の罰金に処するとされている。また、没収規定（規則例第61条第２項）及び両罰規定（規則例第63条）の適用がある。

第46条　遊漁者等の漁具漁法の制限

（遊漁者等の漁具漁法の制限）
第四十六条　何人も、海面において次に掲げる漁具又は漁法以外の漁具又は漁法により水産動植物を採捕してはならない。
一　竿釣及び手釣
二　たも網及び叉手網
三　投網（船を使用しないものに限る。）
四　やす、は具
五　徒手採捕
六　・・・
２　前項の規定は、次に掲げる場合には、適用しない。
一　漁業者が漁業を営む場合
二　漁業従事者が漁業者のために水産動植物の採捕に従事する場合
三　試験研究のために水産動植物を採捕する場合

Ⅰ　趣旨

本条は、漁業法第119条第２項第１号の規定に基づき、海面において、特定の漁具又は漁法以外により水産動植物の採捕をすることを禁止したものである。

Ⅱ　解説

１　採捕の禁止（第１項）

本条は、漁業又は試験研究のために水産動植物を採捕する場合（第２項に掲げる場合）といわゆる遊漁等（第２項に掲げる場合以外）のために水産動植物を採捕する場合の調整を図った規定である。すなわち、遊漁等の場合は、漁業を営むわけではないため、採捕が禁止されていない水産動植物については、規則例第４条第１項又は第32条第１項の許可を受けずに採捕をすることができる。しかし、この場合であっても、漁業に使用する漁具又は漁法により水産動植物を採捕した場合、大量に水産動植物を採捕することが可能であり、資源や漁業者の生産活動に大きな影響を与えることとなる。

そこで、遊漁等において水産動植物を採捕するために使用することができる漁具又は漁法を第１項に定め、これ以外によることを禁止している。

2　適用除外（第２項）

第１項の趣旨から、次に掲げる場合は適用除外とされている。

① 漁業者が漁業を営む場合

② 漁業従事者が漁業者のために水産動植物の採捕に従事する場合

③ 試験研究のために水産動植物を採捕する場合

「漁業者」とは、漁業を営む者をいい、「漁業従事者」とは、漁業者のために水産動植物の採捕又は養殖に従事する者をいう（法第２条第２項）。

したがって、たとえ漁業者又は漁業従事者であっても、漁業（水産動植物の採捕又は養殖の事業（法第２条第１項））以外の単なる遊漁として水産動植物を採捕する場合は、第２項の適用除外が適用されず、第１項の採捕禁止の規定が適用される。

3　罰則

第１項に違反した者に対しては、規則例第62条に罰則が定められており、科料に処するとされている。また、両罰規定（規則例第63条）の適用がある。

第47条　有害物質の遺棄漏せつの禁止

（有害物質の遺棄漏せつの禁止）
第四十七条　水産動植物に有害な物を遺棄し、又は漏せつしてはならない。
２　知事は、前項の規定に違反する者がある場合において、水産資源の保護培養上害があると認めるときは、その者に対して除害に必要な設備の設置を命じ、又は既に設けた除害設備の変更を命ずることができる。
３　前項の規定は、水質汚濁防止法（昭和四十五年法律第百三十八号）の適用を受ける者については、適用しない。

Ⅰ　趣旨

本条は、水産資源保護法第４条第１項第１号の規定に基づき、有害物質の遺棄漏せつの禁止を定めたものである。

Ⅱ　解説

１　第１項

水産動植物に有害な物の遺棄又は漏せつは、水産動植物を死滅させ、又はその成長を阻害して繁殖保護に著しい害を与えるだけでなく、一度水質が汚濁されるとその回復は相当に困難なものであり、水産資源の保護培養に著しい影響を与える。そこで、本条は、水産資源の保護培養の観点からこれらの行為を禁止している。

「水産動植物に有害な物」には、水産動植物を死滅させるような毒物はもちろん、その成長を阻害して繁殖保護に著しい害を与える物、又は魚類の来遊を害する物、漁獲物に悪臭をつけてその価値を毀損するような物等も含まれる(注)。「有害な物」とは、単に質だけではなく、その濃度又は量も問題となる。例えば、でんぷんのかすは、それ自体ごくわずかな量では問題とならないが、濃度が濃く、量が多いと海中に沈殿して貝類の死滅等の原因となる。

本項に違反した者に対しては、規則例第61条第１項第１号に罰則が定められており、６か月以下の懲役又は10万円以下の罰金に処するとされている。また、没収規定（規則例第61条第２項）及び両罰規定（規則例第63条）の適用がある。

2　第２項・第３項

都道府県知事は、第１項の違反者に対して水産資源の保護培養上害があると認めるときは、その者に対して除害に必要な設備の設置を命じ、又は既に設けた除害設備を改善するための変更を命ずることができる。これらの命令に違反した者に対しては、規則例第61条第１項第２号に罰則が定められており、６か月以下の懲役又は10万円以下の罰金に処するとされている。また、没収規定（規則例第61条第２項）及び両罰規定（規則例第63条）の適用がある。

ただし、水質汚濁防止法にも同様の規定があり、同法第13条に改善命令等に関する規定が定められている。このため、当該水質汚濁防止法の適用を受ける者については、本条の規定は適用されないこととされている。

3　水産資源保護法第６条との関係について

水産資源保護法第６条においては、水産動植物を麻痺させ、又は死なせる有毒物を使用して水産動植物を採捕することを禁止している。この規定は、水産動植物の採捕の目的をもって有毒物を使用することを禁止しているものであり、採捕の目的をもたずに単に有毒物を遺棄し、又は漏せつした場合は、水産資源保護法第６条ではなく本条が適用される。

注　：昭和47年12月25日名古屋地裁刑判決（昭和54年（わ）第1492号）油槽所の重油タンクの底に残留していた重油と土砂、塵芥等の相当多量の石鹸水等を混入した油性混合物が、愛知県漁業調整規則第32条第１項にいう水産動植物に有害な物に当たる。

第48条　漁場内の岩礁破砕等の許可

（漁場内の岩礁破砕等の許可）
第四十八条　海面のうち漁業権の存する漁場内において岩礁を破砕し、又は土砂若しくは岩石を採取しようとする者は、知事の許可を受けなければならない。
２　前項の規定により許可を受けようとする者は、次に掲げる事項を記載した申請書に、当該漁場に係る漁業権を有する者の同意書を添え、知事に提出しなければならない。
一　申請者の氏名及び住所（法人にあっては、その名称、代表者の氏名及び主たる事務所の所在地）
二　目的
三　免許番号
四　区域
五　期間
六　補償の措置
七　その他参考となるべき事項
３　知事は、第一項の規定により許可をするに当たり、条件を付けることができる。

Ⅰ　趣旨

本条は、水産資源保護法第４条第１項第２号の規定に基づき、海面のうち漁業権の存する漁場内の岩礁破砕等の許可制度について定めたものである。

Ⅱ　解説

本条は、水産資源の保護培養を図り、かつ、その効果を将来にわたって維持するという観点から、海面のうち漁業権の存する漁場内において岩礁を破砕し、又は土砂若くは岩石を採取する行為（以下「岩礁破砕等」という。）を禁止した上で、都道府県知事の許可を受けた場合にのみ当該禁止を解除することとしている。

「岩礁」とは、海域における地殻の隆起形態であり、この隆起形態を変化させる行為が「破砕」である。また、「岩石」とは、海域における地殻の構成要素の一つであり、この構成要素を拾い取る行為が「採取」である。

規則例において、当該許可制の対象は、海面のうち漁業権の存する漁場内における岩礁破砕等と規定されている。これは、

① 本条が罰則を伴う行為規制であることから、規制範囲は必要最小限にとどめるべきであること

② 一般的に岩礁を破砕し、土砂、岩石を採取する行為は、漁業権が存する沿岸で行われることが多いこと

③ 漁業権は、「一定の水面において特定の漁業を一定の期間排他的に営むことができる権利」であることから、漁業権者の同意なくして岩礁を破砕したり、土砂、岩石を採取したりする行為は、漁業権の侵害行為となり得ること

を踏まえたものである。

第１項に違反した者に対しては、規則例第61条第１項第１号に罰則が定められており、６か月以下の懲役又は10万円以下の罰金に処するとされている。また、没収規定（規則例第61条第２項）及び両罰規定（規則例第63条）の適用がある。

第49条　砂れきの採取禁止

（砂れきの採取禁止）
第四十九条　内水面のうち第三十五条、第四十条及び第四十一条第一項の表の第○号から第○号までに規定する禁止区域並びに直轄管理河川等（一級河川のうち、河川法（昭和三十九年法律第百六十七号）第九条第二項に規定する指定区間以外の区間及び国土交通大臣の直轄工事が施行される海岸保全区域をいう。以下同じ。）以外で別表に掲げる区域（又は直轄管理河川等以外で別途知事が公示する区域）において、砂れきの採取又は除去を行ってはならない。ただし、次に掲げる場合にあっては、この限りでない。
一　河川工事、砂防工事、地すべり防止工事及び海岸保全施設に関する工事（災害復旧事業としてこれらの工事を行うものを含む。）による場合
二　河川法第七条に規定する河川管理者、砂防法（明治三十年法律第二十九号）第五条に規定する都道府県知事若しくは同法第六条に規定する国土交通大臣、地すべり等防止法（昭和三十三年法律第三十号）第七条に規定する都道府県知事又は海岸法（昭和三十一年法律第百一号）に規定する海岸管理者が都道府県知事に協議し、その結果に基づき、河川法等の許可等がされた場合

Ⅰ　趣旨

本条は、水産資源保護法第４条第１項第２号の規定に基づき、砂れきの採取の禁止について定めたものである。

Ⅱ　解説

本条は、内水面のうち水産動植物の採捕が禁止されている区域における砂れきの採取を全面的に禁止している。これは、内水面においては、積極的に水産動植物の増殖を行い、その繁殖保護を図っているが、特に水産動植物の採捕の禁止区域は、これらが成育し、繁殖する上で重要な場所であるため、全面的に土砂の採取を禁止し、水産動植物の保護培養を図る趣旨である。

各都道府県の規則においては、実態に応じて、都道府県知事の許可制とすることも可能である。

本条に違反した者に対しては、規則例第61条第１項第１号に罰則が定められており、６か月以下の懲役又は10万円以下の罰金に処するとされている。また、没収規定（規則例第61条第２項）及び両罰規定（規則例第63条）の適用がある。

第50条　試験研究等の適用除外

（試験研究等の適用除外）

第五十条　この規則のうち水産動植物の種類若しくは大きさ、水産動植物の採捕の期間若しくは区域又は使用する漁具若しくは漁法についての制限又は禁止に関する規定は、試験研究、教育実習又は増養殖用の種苗（種卵を含む。）の供給（自給を含む。）（以下この条において「試験研究等」という。）のための水産動植物の採捕について知事の許可を受けた者が行う当該試験研究等については、適用しない。

2　前項の許可を受けようとする者は、次に掲げる事項を記載した申請書を知事に提出しなければならない。

一　申請者の氏名及び住所（法人にあっては、その名称、代表者の氏名及び主たる事務所の所在地）

二　目的

三　適用除外の許可を必要とする事項

四　使用する船舶の名称、漁船登録番号、総トン数、推進機関の種類及び馬力数並びに所有者名

五　採捕しようとする水産動植物の名称及び数量（種苗の採捕の場合は、供給先及びその数量）

六　採捕の期間及び区域

七　使用する漁具及び漁法

八　採捕に従事する者の氏名及び住所

3　知事は、第一項の許可をしたときは、次に掲げる事項を記載した許可証を交付する。

一　許可を受けた者の氏名及び住所（法人にあっては、その名称、代表者の氏名及び主たる事務所の所在地）

二　適用除外の事項

三　採捕する水産動植物の種類及び数量

四　採捕の期間及び区域

五　使用する漁具及び漁法

六　採捕に従事する者の氏名及び住所

七　使用する船舶の名称、漁船登録番号、総トン数並びに推進機関の種類及び馬力数

八　許可の有効期間

九　条件

4　知事は、第一項の許可をするに当たり、条件を付けることができる。

5　第一項の許可を受けた者は、当該許可に係る試験研究等の終了後遅滞なく、その結果を知事に報告しなければならない。

6　第一項の許可を受けた者が許可証に記載された事項につき変更しようとする場合は、知事の許可を受けなければならない。

7　第二項から第四項までの規定は、前項の場合に準用する。この場合において第三項中「交付する。」とあるのは「書き換えて交付する。」と読み替えるものとする。

8　第二十五条の規定は、第一項又は第六項の規定により許可を受けた者について準用する。

Ⅰ　趣旨

本条は、この規則のうち水産動植物の種類若しくは大きさ、水産動植物の採捕の期間若しくは区域又は使用する漁具若しくは漁法についての制限又は禁止について、都道府県知事の許可を受けた場合には、当該規制の適用が除外されることについて定めたものである。

Ⅱ　解説

1　第1項

この規則で定められている規制の中で、次に掲げる事項に関する制限又は禁止の規定は、都道府県知事の許可を受けた場合には適用しない。

①　水産動植物の種類・大きさ（規則例第37条等）

②　水産動植物の採捕の期間・区域（規則例第36条、第40条等）

③　使用する漁具・漁法（規則例第38条、第39条等）

許可の対象となるのは、次に掲げる行為を目的とする水産動植物の採捕である。

①　試験研究

②　教育実習

③　増養殖用の種苗（種卵を含む。）の供給（自給を含む。）

「増殖」とは、人工孵《ふ》化放流、稚魚又は親魚の放流、産卵床造成等の積極的人為手段により採捕の目的となる水産動植物の数及び個体の重量を増加させる行為を指し、養殖のような高度の人為的管理手段は必要としないが、単なる漁具、漁法、漁業時期、漁場及び採捕物に係る制限又は禁止等の消極的行為にとどまるものは、含まれない。なお、「養殖」とは、収穫の目的をもって、人工手段を加え水産動植物の発生又は成育を積極的に増進し、その個体の数又は量を増加させる行為をいう。

本条により、都道府県知事が適用除外とすることができるのは、法の規定に基づき規則において定められた規定だけであって、法律、政令又は農林水産省令の規定まで適用を除外することはできない。法律の規定が確認的に記載されている部分についても適用を除外することはできないため注意が必要である。

したがって、法第57条第１項の漁業の許可について、当該漁業の許可を受けることなく、本条に基づく許可のみを受けて当該漁業を営むことはできない。

また、法に基づき農林水産省令に定められている規制について、試験研究、教育実習その他特別の事由により適用除外の必要がある場合には、漁業法施行規則第34条の規定(注)に基づき農林水産大臣の許可を受けなければならない。例えば、瀬戸内海漁業取締規則（昭和26年農林省令第62号）第６条の規定において、７月１日から９月30日までの期間は12センチメートル以下のまだいの採捕を禁止しているが、これを採捕する必要がある場合には、漁業法施行規則第34条に基づく農林水産大臣の許可を受けなければならない。

さらに、法第132条第１項の特定水産動植物の採捕の禁止についても、本条による知事の許可では禁止を解除することができない。試験研究又は教育実習のため特定水産動植物を採捕する必要がある場合には、漁業法施行規則第42条第１項の規定に基づき、農林水産大臣又は都道府県知事の許可を受けなければならない。

２　許可の手続（第２項～第８項）

許可の手続については、知事許可漁業の許可の手続と基本的な考え方は同じである。すなわち、知事許可漁業については、平成30年の法改正において、許可制度をより公正かつ安定的な制度として運用するため、透明性の高い手続が法定され、この趣旨は本条の許可についても同様であるため、基本的な手続自体は知事許可漁業の許可と同様とし、申請事項や許可の有効期間等の技術的な事項は適用を除外する事項に応じて定めることとしている。

注　：漁業法施行規則（令和２年農林水産省令第47号）

（試験研究等の場合の適用除外）

第三十四条　法に基づく農林水産省令の規定であって法第百十九条第二項各号に掲げる事項に関するものは、試験研究、教育実習その他特別の事由により農林水産大臣の許可を受けた者が行う当該試験研究等については、適用しない。

第４章　漁業の取締り

第51条　停泊命令等

（停泊命令等）
第五十一条　知事は、漁業者その他水産動植物を採捕し、又は養殖する者が漁業に関する法令の規定又はこれらの規定に基づく処分に違反する行為をしたと認めるとき（法第二十七条及び法第三十四条に規定する場合を除く。）は、法第百三十一条第一項の規定に基づき、当該行為をした者が使用する船舶について停泊港及び停泊期間を指定して停泊を命じ、又は当該行為に使用した漁具その他水産動植物の採捕若しくは養殖の用に供される物について期間を指定してその使用の禁止若しくは陸揚げを命ずることができる。
2　知事は、前項の規定による処分（法第二十五条第一項の規定に違反する行為に係るものを除く。）をしようとするときは、行政手続法第十三条第一項の規定による意見陳述のための手続の区分にかかわらず、聴聞を行わなければならない。
3　第一項の規定による処分に係る聴聞の期日における審理は、公開により行わなければならない。

Ⅰ　趣旨

本条は、法第131条の停泊命令等の規定を確認的に記載したものである。

Ⅱ　解説

1　制定の経緯

平成30年の法改正の前は、都道府県知事が行う停泊命令に関する規定は、改正前の法第65条の規定に基づき、都道府県の規則において定められていた。しかし、平成30年の法改正において、資源管理や罰則の強化等を図ったことから、より安定的な制度として運用し、その実効性を確保するために、停泊命令等に関する規定が法律の規定として位置付けられた。

規則例においては、停泊命令等が、許可制度や漁業調整に関する措置等との関連が強く、重要な制度であるため、確認的に記載することとしている。

したがって、停泊命令等の根拠規定は、法第131条となる。

2　制度の内容（第１項）

都道府県知事は、漁業者等が漁業に関する法令の規定又はこれらの規定に基づく処分に違反する行為をしたと認めるときは、次のとおり命ずることができる。

①　当該者が使用する船舶について停泊港及び停泊期間を指定して停泊することを命ずること（停泊命令）

②　当該行為に使用した漁具その他水産動植物の採捕又は養殖の用に供される物について期間を指定してその使用を禁止すること又は陸揚げをすることを命ずること（漁具等使用禁止命令、漁具等陸揚げ命令）

「漁業に関する法令」については、規則例第10条第１項第１号の解説を参照のこと。

(1)　停泊命令

停泊命令は、船舶そのものを指定された停泊港から動かすことを禁止するものであり、違反行為を行った者に対して、出港して漁業に従事することを停止することにより、漁業秩序を維持し、水産資源の管理の実効性を担保するものである。

漁業者等にとっては、出港を停止させられることは大きな損失につながることから、違反行為の抑止という観点から停泊命令は重要なものである。このため、近年の悪質な密漁の発生状況を踏まえると、罰則に加え、行政処分である停泊命令を効果的に行うことにより、違反行為を抑止することが重要である。

命令に当たっては、それぞれの違反の様態や採捕の実態を踏まえて停泊港及び停泊期間を指定することとなる。

「漁業関係法令等の違反に対する農林水産大臣の処分基準」（以下「大臣処分基準」という。）において定められている以下の内容を参考として、都道府県ごとの処分基準を定めて実施する必要がある（注）。

①　使用する船舶

漁業者等が、法令等違反行為に使用した船舶（当該船舶の代船を含む。）その他の処分を命ずることが適当と認められる当該漁業者等が使用する船舶とすること

②　停泊港

停泊処分の履行の確認が可能な港であって、処分の期間中、当該漁業者等が当該処分の対象船舶を管理することができる港とすること

③　停泊期間

ア　処分の実施期間

法令等違反行為の事実の確認及び手続期間終了後速やかに行うものとし、当該法令等違反行為に係る漁業種類における法令上の操業禁止期間その他一般的に休漁期間とみなされる期間以外の時期に実施すること

イ　処分の日数

違反の行為数、累次の違反の回数、悪質な行為の有無により決定すること

また、漁具等使用禁止命令、漁具等陸揚げ命令と組み合わせて命令を発することも認められる。

(2)　漁具等使用禁止命令、漁具等陸揚げ命令

漁具等使用禁止又は漁具等陸揚げについては、船舶の使用そのものは継続し得るが、特定の漁法による採捕ができないよう、漁具等が使用できない状態にするための命令である。

停泊命令と組み合わせて命令を発することも認められる。

大臣処分基準において定められている以下の内容を参考として、都道府県ごとの処分基準を定めて実施する必要がある。

①　処分の対象となる漁具等

現に法令等違反行為に使用した漁具等だけではなく、当該漁具等に付随するもの及びこれと同様の機能を有するものも含むものとすること

②　陸揚げを行う場所

陸揚げ処分の履行の確認が可能な場所であって、当該処分の期間中、当該処分を受けた者が当該処分の対象の漁具等を管理することができる場所とすること

③　処分の実施時期

ア　無許可操業をしたこと又は禁止漁具等を使用したことによる漁具等の使用禁止処分又は陸揚げ処分にあっては、停泊を命じた時期以外の時期とすること

イ　漁業権の法令等違反行為又は知事管理漁業の法令等違反行為に係る漁具等の使用禁止処分又は陸揚げ処分にあっては、違反の行為数、累次の違反の回数、悪質な行為の有無により決定した期間とすること

3　手続（第２項・第３項）

本条第１項の規定により停泊命令等を発しようとするときは、聴聞を行わなければならず、また当該聴聞の期日における審理は、公開により行わなければならない。これは、停泊命令等の処分が操業を停止又は制限するという重大な処分であることからである。

4　罰則

本条に違反した者に対しては、法第190条第２号に罰則が定められており、３年以下の懲役又は300万円以下の罰金に処される。また、没収規定（法第192条)、併科規定（法第194条）及び両罰規定（法第197条）の適用がある。

注　：令和２年11月16日２水管第1550号水産庁長官「漁業関係法令等の違反に対する農林水産大臣の処分基準等の制定について」（付録のⅡを参照）

第52条　船長等の乗組み禁止命令

（船長等の乗組み禁止命令）
第五十二条　知事は、第四条第一項又は第三十二条第一項の許可を受けた者が漁業に関する法令の規定又はこれらの規定に基づく処分に違反する行為をしたと認めるときは、当該行為をした者が使用する船舶の操業責任者に対し、当該違反に係る漁業に使用する船舶への乗組みを制限し、又は禁止することができる。
2　前条第二項及び第三項の規定は、前項の場合について準用する。

Ⅰ　趣旨

本条は、船長等の乗組み禁止命令について定めたものである。

Ⅱ　解説

船長等の乗組み禁止命令については、漁獲の成否が船長等の能力による部分が大きいことからすると、その乗組みを禁止する当該行政処分は、当該法令に違反する行為を抑止するために効果的な手段である。

本条は、資源管理の重要性とこれを無にする法令違反行為に厳しく対処するという平成30年の法改正の趣旨を踏まえ、次の必要性に対応したものである。

①　規則における船長等の乗組み禁止命令についても、主体の属性等にかかわらず、法令に違反する行為をした者に対しては、命令をかけられるようにする必要がある。

②　資源管理の重要性の高まりと国際的にも法令違反行為に対して厳格に対応していることを示していく必要性が高まっている。

「漁業に関する法令」については、規則例第10条第１項第１号の解説を参照のこと。

大臣処分基準を参考に、処分の対象者、処分の実施時期、処分の日数など、都道府県ごとの処分基準を定めて実施する必要がある（注）。

また、この処分を実施するに当たっては、相手方に対して公開の聴聞を行わなければならない。

第１項に違反した者に対しては、規則例第61条第１項第３号に罰則が定められており、６か月以下の懲役又は10万円以下の罰金に処するとされている。また、没収規定（規則例第61条第２項）及び両罰規定（規則例第63条）の適用がある。

注　：令和２年11月16日２水管第1550号水産庁長官「漁業関係法令等の違反に対する農林水産大臣の処分基準等の制定について」（付録のⅡを参照）

第53条　衛星船位測定送信機等の備付け命令

（衛星船位測定送信機等の備付け命令）

第五十三条　知事は、国際的な枠組みにおいて決定された措置の履行その他漁業調整のため特に必要があると認めるときは、第四条第一項又は第三十二条第一項の許可を受けた者に対し、衛星船位測定送信機（人工衛星を利用して船舶の位置の測定及び送信を行う機器であって、次の各号に掲げる基準に適合するものをいう。）を当該許可を受けた船舶に備え付け、かつ、操業し、又は航行する期間中は当該電子機器を常時作動させることを命ずることができる。

一　当該許可を受けた船舶の位置を自動的に測定及び記録できるものであること。

二　次に掲げる情報を自動的に送信できるものであること。

イ　当該船舶を特定することができる情報

ロ　当該船舶の位置を示す情報並びに当該位置における日付及び時刻

三　前号に掲げる情報の改変を防止するための措置が講じられているものであること。

【参考】法の規定

第五十八条で準用する法第五十二条　（略）

2　都道府県知事は、国際的な枠組みにおいて決定された措置の履行その他漁業調整のため特に必要があると認めるときは、許可を受けた者に対し、衛星船位測定送信機その他の農林水産省令又は規則で定める電子機器を当該許可を受けた船舶に備え付け、かつ、操業し、又は航行する期間中は当該電子機器を常時作動させることを命ずることができる。

Ⅰ　趣旨

本条は、法第58条において準用する法第52条第２項の電子機器の備付け等命令を確認的に記載するとともに、規則で定めることとされている電子機器を定めている。

Ⅱ　解説

都道府県知事は、国際的な枠組みにおいて決定された措置の履行その他漁業調整のため特に必要があると認めるときは、知事許可漁業者に対し、衛星船位測定送信機（人工衛星を利用してリアルタイムで船舶の位置情報を陸上に送信する機器。Vessel Monitoring System／VMS）等の電子機器を当該許可に係る船舶に備え付け、かつ、操業し、又は航行する期間中は当該電子機器を常時作動させることを命ずることができる。

「国際的な枠組み」とは、水産資源の持続的な利用に関する国際機関その他の国際的な枠組みのうち、我が国が締結した条約その他の国際約束により設けられたものをいう（法第13条第1項）。国際的な枠組みの中には、国際的な資源の保存及び管理を行うため、資源管理措置や操業時の制限等を定めているものが少なくない。

「漁業調整」とは、特定水産資源の再生産の阻害若しくは特定水産資源以外の水産資源の保存及び管理又は漁場の使用に関する紛争の防止のために必要な調整をいう（法第36条第2項）（規則例第4条第1項の解説を参照）。

このような国際約束の遵守や漁場の使用に関する紛争防止等のためには、知事許可漁業の許可を受けた者（以下「知事許可漁業者」という。）が当該許可に係る船舶を、いつ、どこで航行させ、及び操業させているのかについて正確かつ迅速に把握することが取締りの観点からも極めて有効である。このため、知事許可漁業者にこのような電子機器の設置を義務付けることができるよう、本条が規定されている。

備付け等を命じることができる具体的な電子機器については規則において定められることとされており、衛星船位測定送信機は、操業状況の確認や都道府県知事が漁業取締りを効率に行うためにも極めて有効な装置であることから、規則例第53条においてこれを命令の対象として定めている。

このほか、その他の電子機器として各都道府県及び漁業の実情に応じ、自動船舶識別装置（Automatic Identification System／AIS）などを規則に定めることも可能である。

なお、命令の対象となる電子機器は、農林水産省令においても定めることができるが、現時点においては、統一的に知事許可漁業者に対して備付け等を命ずる必要がある電子機器は想定されていないため、知事許可漁業について農林水産省令で定められている電子機器はない。

また、当該電子機器を船舶以外に備え付けることが想定されないため、準用に当たって、「船舶」とあるのを「船舶等」と読み替えていない。

本条に基づく命令に違反した場合、まずは法第176条第１項の規定に基づき報告を求め、当該報告を求めても応じない場合は、法第176条第１項の報告徴収等の規定に違反するものとして法第193条第６号の罰則（６か月以下の懲役又は30万円以下の罰金）が適用される。また、両罰規定（法第197条）の適用がある。

第54条　停船命令

（停船命令）

第五十四条　漁業監督吏員は、法第百二十八条第三項の規定による検査又は質問をするため必要があるときは、操船又は漁ろうを指揮監督する者に対し、停船を命ずることができる。

２　前項の規定による停船命令は、法第百二十八条第三項の規定による検査又は質問をする旨を告げ、又は表示し、かつ、国際海事機関が採択した国際信号書に規定する次に掲げる信号その他の適切な手段により行うものとする。

一　別記様式第二号による信号旗Ｌを掲げること。

二　サイレン、汽笛その他の音響信号によりＬの信号（短音一回、長音一回、短音二回）を約七秒の間隔を置いて連続して行うこと。

三　投光器によりＬの信号（短光一回、長光一回、短光二回）を約七秒の間隔を置いて連続して行うこと。

３　前項において、「長音」又は「長光」とは、約三秒間継続する吹鳴又は投光をいい、「短音」又は「短光」とは、約一秒間継続する吹鳴又は投光をいう。

Ⅰ　趣旨

本条は、漁業監督吏員が行う停船命令について定めたものである。

Ⅱ　解説

１　停船命令（第１項）

漁業監督吏員（法第128条第１項）は、法第128条第３項の規定により船舶に対して検査又は質問をすることができることされており、海上においてこの検査又は質問を行うために必要がある場合は、停船命令を発することができる(注１)。これは、都道府県知事が行う停泊命令等のように一定の期間継続する行政処分とは異なり、漁業監督吏員が漁業取締りを行う上で必要な手段として規定されたものである。

したがって、その手段の性質からみて、検査又は質問が終わったと同時に解除されるべきものである。

停船命令を発し得るのは、その船舶が法令に違反しているかどうかを検査又は質問するために行うものであって、許可に係る船舶に限らない。また、停船を命じたうえで検査又は質問をする必要があると認めれば、漁業監督吏員は操業中の漁業等について網を引きあげて行うこともできる（注２）。

なお、漁業監督吏員が都道府県知事の管轄する海域において発した停船命令は、追跡中継続していれば、その管轄外の海域であっても適法に効力を有する（注１）。

停船命令は、法第128条第３項に基づき、漁業監督吏員が検査又は質問をする手段として発するものであり、停船命令に違反した場合は、法第128条第３項に違反したものとして法第193条第４号の罰則が適用される。

2　停船命令の手段（第２項・第３項）

停船命令を発する場合は、法第128条第３項の規定による検査又は質問をする旨を告げ、又は表示し、かつ、国際海事機関（IMO）が採択した国際信号書に規定する次に掲げる信号その他の適切な手段により行うものとされている。

①　信号旗Ｌを掲げる。

②　サイレン、汽笛その他の音響信号によりＬの信号（短音一回、長音一回、短音二回）を約七秒の間隔を置いて連続して行う。

③　投光器によりＬの信号（短光一回、長光一回、短光二回）を約七秒の間隔を置いて連続して行う。

この①から③までの信号は、国際海事機関が定めた信号の方式のうち、国際的に広く認知されているＬの信号であり、停船命令の手段として適切な手段の例示である。

停船命令を発する際に信号を用いる旨を規定している趣旨は、停船を命じていることを相手方が認識できるようにすることにあるから、①から③までの方法以外の方法により行われた場合であっても、検査等を行う旨を告げ、又は表示すること等により、相手方がその旨を認識していた場合には、当該停船命令は有効である。

３　罰則

停船命令は、法第128条第３項に基づき、漁業監督吏員が検査又は質問をする手段として発するものであるから、停船命令に違反した場合は、法第128条第３項に違反したものとして法第193条第４号の罰則が適用され、６か月以下の懲役又は30万円以下の罰金に処される。また、両罰規定（法第197条）の適用がある。

注１：昭和40年５月20日最高裁一小刑判決（昭和38年（あ）第3122号）【要旨】

１　停船命令規定並びにその罰則規定は、漁業法第65条第１項ないし第３項（現行法の第119条第２項及び第４項に相当）及び水産資源保護法第４条第１項ないし第３項（現行法の第４条第２項及び第４項に相当）の委任により定められたものであるから違憲ではない。

２　漁業監督吏員が管轄海域から追跡中継続して発した停船命令は、管轄外海域であっても適法である。

注２：昭和28年３月12日札幌高裁刑判決（昭和27年（う）自第292号至第299号）【要旨】

司法警察員としての職務を有しない漁業監督吏員は漁業法第74条第３項（現行法の第122条第３項に相当）に基づく「検査」の権限を有するものであり、同吏員は本件において中浮網を引き揚げたのは右の権限に基づき、該中浮網が果して北海道漁業取締規則第46条に違反する網なりや否やを調査するために引き揚げたものと解し得られる。

第5章　雑則

第55条　漁場又は漁具の標識の設置に係る届出

（漁場又は漁具の標識の設置に係る届出）
第五十五条　法第百二十二条の規定により、漁場の標識の建設又は漁具の標識の設置を命じられた者は、遅滞なく、その命じられた方法により当該標識を建設し、又は設置し、その旨を知事に届け出なければならない。

Ⅰ　趣旨

本条は漁場又は漁具の標識の設置に係る届出について定めたものである。

Ⅱ　解説

標識は、漁場の位置や漁具等が使用されていることについて関係者以外にも容易に認識できるようにするものである。これにより第三者が誤って漁業権を侵害したり、一定の期間漁場に敷設するはえ縄、かご、刺し網などの漁具が交錯することによる操業上の紛争、漁具の切断が生じることを回避し、他の船舶の航行の安全が害されたりすることを防止するものである。

そこで、法第122条は、都道府県知事は、漁業者、漁業協同組合又は漁業協同組合連合会に対して、漁場の標識の建設又は漁具その他水産動植物の採捕若しくは養殖の用に供される物の標識の設置を命ずることができる旨を規定している。標識の設置等を命じられた者は、遅滞なくこれを設置等しなければならないことはもちろんであるが、本条は、その設置等の状況を行政庁が把握することができるよう、その結果を知事に届け出ることとしている。

この場合の漁具の標識の「漁具」とは、漁ろうに用いるものである。

なお、規則においては漁業権に関する規定はほとんどないことから、筏等の養殖の用に供される物については規則例に規定していない。

また、本条の規定に基づく届出を行わなかった者に対する罰則については、この規則に定められていない。本条の規定に違反した場合、まずは法第176条第1項の規定に基づき報告（位置、構造、規模、設置年月日等）を求め、当該報告を求めても応じない場合は、法第176条第1項の報告徴収等の規定に違反するものとして法第193条第6号の罰則が適用され、6か月以下の懲役又は30万円以下の罰金に処される。また、両罰規定（法第197条）の適用がある。

なお、法第122条の規定に基づく命令に違反した者は、法第196条により10万円以下の罰金に処される。

第56条　標識の書換え又は再設置等

> （標識の書換え又は再設置等）
> 第五十六条　前条の標識の記載事項に変更を生じ、若しくは当該標識に記載した文字が明らかでなくなったとき又は当該標識を亡失し、若しくは毀損したときは、遅滞なくこれを書き換え、又は新たに建設し、若しくは設置しなければならない。

Ⅰ　趣旨

本条は標識の書換え又は再設置等について定めたものである。

Ⅱ　解説

一度設置した標識についても、次の場合には、標識として認識することができず漁業権侵害や操業上のトラブル等が生じることとなるため、すぐに書換え又は新しく設置しなければならないこととされている。

① 記載事項に変更を生じたとき
② 記載した文字が明らかでなくなったとき
③ 標識がなくなったとき
④ 標識が壊されたとき

罰則については、規則例第55条の解説を参照のこと。

なお、漁場又は漁具その他水産動植物の採捕若しくは養殖の用に供される物の標識を移転し、汚損し、又は損壊した者は、法第196条第３項の罰則が適用され、10万円以下の罰金に処される。

第57条　定置漁業等の漁具の標識

（定置漁業等の漁具の標識）

第五十七条　定置漁業その他知事が必要と認め別に定める漁業を営む者は、漁具の敷設中、昼間にあっては別記様式第三号による漁具の標識を当該漁具の見やすい場所に水面上一・五メートル以上の高さに設置し、夜間にあっては電灯その他の照明による漁具の標識を当該漁具に設置しなければならない。

２　知事は、前項の漁業を定めたときは、公示する。

Ⅰ　趣旨

本条は、法第119条第２項第３号の規定に基づき、定置漁業等の漁具の標識について定めたものである。

Ⅱ　解説

定置漁業やこれに類する漁業は、特定の場所に比較的長期間にわたって漁具を設置するため、他の船舶が漁具の中に入り込んで漁具を損傷させたり、他の船舶の航行の安全が害されたりすることのないようにする必要がある。

そこで、本条は、定置漁業やこれに類する漁業について、漁具の敷設状況を他に明示させるため、設置方法等を指定して、漁具の標識の設置を義務付けている。

「その他知事が必要と認め別に定める漁業」とは、航路等における小型定置網漁業等であって、上記の趣旨から、特に知事が標識を設置する必要があると認めて公示した漁業をいう。

昼間にあっては別記様式第三号による標識を、夜間にあっては電灯その他の照明による標識を設置しなければならない。

また、「その他の照明」とは、例えば夜光塗料等を用いた照明をいう。

第58条　はえ縄漁業及び流し網漁業の漁具の標識

（はえ縄漁業及び流し網漁業の漁具の標識）

第五十八条　次に掲げるはえ縄漁業及び流し網漁業に従事する操業責任者は、その操業中、幹縄又は綱の両端に、水面上一・五メートル以上の高さのボンデンをつけ、幹縄の中間に三百メートルごとに浮標をつけなければならない。この場合、夜間においては、当該ボンデンに電灯その他の照明を掲げなければならない。

一　○○はえ縄漁業及び○○はえ縄漁業

二　○○流し網漁業及び○○流し網漁業

2　前項の漁具の標識には、当該漁業を営む者の氏名又は名称及び住所を記載しなければならない。

Ⅰ　趣旨

本条は、法第119条第２項第３号の規定に基づき、はえ縄漁業及び流し網漁業の漁具の標識について定めたものである。

Ⅱ　解説

はえ縄漁業及び流し網漁業の中には、海面に長距離にわたって漁具を設置するものがあるため、漁具が使用されていることについて他に明示させ、操業区域内に漁具が設置されているかどうか、取締りの際の確認を容易にするとともに、事故や紛争が生じることを防止する必要がある。

そこで、本条は、このようなはえ縄漁業及び流し網漁業の種類について、設置方法等を指定して、漁具の標識の設置を義務付けている。

第59条　内水面漁場管理委員会

（内水面漁場管理委員会）
第五十九条　内水面漁場管理委員会は、内水面における水産動植物の採捕、養殖及び増殖に関する事項を処理する。
2　この規則の規定による海区漁業調整委員会の権限は、内水面における漁業に関しては、内水面漁場管理委員会が行う。

Ⅰ　趣旨

本条は、内水面漁場管理委員会の所掌範囲に関する法第171条第３項及び第４項の規定を確認的に記載したものである。

Ⅱ　解説

1　第1項

「水産動植物の採捕、養殖及び増殖に関する事項」とあり、水産動植物の採捕だけでなく、法第168条及び法第169条の水産動植物の増殖に関する事項も含まれる。また、内水面においても内水面漁場計画に基づき養殖が行われることから、平成30年の改正において「養殖」も処理する事項であることが明らかにされた。

また、内水面漁場管理委員会は、本法の規定による事項に限定されず、水産資源保護法の規定による事項についても処理している。

2　第2項

内水面における漁業に関しては、内水面漁場管理委員会は、海区漁業調整委員会の権限に属する事項を行う。このため、海区漁業調整委員会の権限について規定している条文については、当然に内水面漁場管理委員会に読み替えられる。

例えば、第９条第２項については、「知事は、前項の規定により許可又は起業の認可をしないときは、内水面漁場管理委員会の意見を聴いた上で、当該申請者にその理由を文書をもって通知し、公開による意見の聴取を行わなければならない。」と読み替えることとなる。

第60条　添付書類の省略

（添付書類の省略）

第六十条　この規則の規定により同時に二以上の申請書その他の書類を提出する場合において、各申請書その他の書類に添付すべき書類の内容が同一であるときは、一の申請書その他の書類にこれを添付し、他の申請書その他の書類にはその旨を記載して、一の申請書その他の書類に添付した書類の添付を省略することができる。

2　前項に規定する場合のほか、知事は、特に必要がないと認めるときは、この規則の規定により申請書その他の書類に添付することとされている書類の添付を省略させることができる。

Ⅰ　趣旨

本条は、添付書類の省略について定めた漁業法施行規則第63条を確認的に記載したものである(注)。

Ⅱ　解説

漁業法施行規則第63条は、申請者等の手続上の負担を軽減し、行政効率を高める観点から、既に同一内容の書類を提出している場合や知事が特に必要がないと認める場合には添付書類の省略をすることができることとされている。規則例においては、許可の申請手続等、書類の提出に関する規定が置かれており、規則の規定と関連が強く、重要な規定であるため、確認的に記載することとしている。

注　：漁業法施行規則（令和２年農林水産省令第47号）

（添付書類の省略）

第六十三条　法又はこれに基づく命令の規定により同時に二以上の申請書その他の書類を提出する場合において、各申請書その他の書類に添付すべき書類の内容が同一であるときは、一の申請書その他の書類にこれを添付し、他の申請書その他の書類にはその旨を記載して、一の申請書その他の書類に添付した書類の添付を省略することができる。

2　前項に規定する場合のほか、農林水産大臣又は都道府県知事は、特に必要がないと認めるときは、法又はこれに基づく命令の規定により申請書その他の書類に添付することとされている書類の添付を省略させることができる。

第６章　罰則

法第119条第２項又は水産資源保護法第４条第１項の規定に基づく規定については、それぞれ法第119条第３項及び第４項、水産資源保護法第４条第２項及び第３項の規定に基づいて罰則を設けることができる（注１）。

第61条

第六十一条　次の各号のいずれかに該当する者は、六月以下の懲役若しくは十万円以下の罰金に処し、又はこれを併科する。

一　第三十四条第一項、第三十五条から第四十条まで、第四十一条第一項若しくは第三項、第四十二条から第四十五条まで、第四十七条第一項、第四十八条第一項又は第四十九条の規定に違反した者

二　第三十二条第四項若しくは第五項、第三十四条第十三項において準用する第十三条第一項若しくは第二項又は第四十八条第三項の規定により付けた条件に違反した者

三　第二十三条第一項（第三十二条第十一項及び第三十四条第十三項において準用する場合を含む。）、第三十二条第八項、第三十四条第十三項において準用する第二十二条第二項、第四十七条第二項又は第五十二条第一項の規定に基づく命令に違反した者

2　前項の場合においては、犯人が所有し、又は所持する漁獲物、その製品、漁船又は漁具その他水産動植物の採捕の用に供される物は、没収することができる。ただし、犯人が所有していたこれらの物件の全部又は一部を没収することができないときは、その価額を追徴することができる。

Ⅰ　趣旨

本条は、採捕禁止違反の罪等について定めたものである（注１）。

なお、序章に記載されているように、法律の規定が調整規則で確認的に記載されている部分については、法律の罰則が適用され、規則に基づいて罰則を設けているものではないことから、規則の中で該当する罰則の内容は記載していない。

Ⅱ　解説

1　第1項

規則における最高刑の罰則を定めており、次に該当する者は、6か月以下の懲役又は10万円以下の罰金に処し、これを併科される（注2）。

(1)　内水面における水産動植物の採捕の許可（第34条第1項)、保護水面における採捕の許可（第35条)、禁止期間（第36条)、全長等の制限（第37条)、漁具漁法の制限及び禁止（第38条及び第39条)、禁止区域等（第40条及び第41条第1項又は第3項)、河口付近における採捕の制限（第42条)、夜間の採捕の禁止（第43条)、火船の数の制限（第44条)、溯河魚類の通路を遮断して行う水産動植物の採捕の制限（第45条)、有害物質の遺棄漏せつの禁止（第47条第1項)、漁場内の岩礁破砕等の許可（第48条第1項）又は砂れきの採取禁止（第49条）に違反した者

(2)　特定の漁業の許可（第32条第4項若しくは第5項)、内水面における水産動植物の採捕の許可（第34条第13項において準用する第13条第1項若しくは第2項）又は漁場内の岩礁破砕等の許可（第48条第3項）に付けられた条件に違反した者

(3)　公益上の必要による許可等の取消し等（第23条第1項（第32条第11項及び第34条第13項において準用する場合を含む。))、特定の漁業の許可の取消し等（第32条第8項)、内水面における水産動植物の採捕の許可の取消し等（第34条第13項において準用する第22条第2項)、有害物質の遺棄漏せつの禁止違反に関する除外設備の設置等の命令（第47条第2項）又は船長等の乗組み禁止命令（第52条第1項）に違反した者

2　第2項

本項は、第1項の規定の実効性を担保するため、犯人が所有し、又は所持する漁獲物等の没収を可能とする規定である（注3～5）。

「犯人が所持」するとは、犯人の所有物に限らず、第三者の所有物を犯人が

所持する場合もこれに含まれる。ただし、この場合は、当該第三者の保護のため、刑事事件における第三者所有物の没収手続に関する応急措置法（昭和38年法律第138号）による手続が必要である。

「その他水産動植物の採捕又は養殖の用に供される物」としては、簡易潜水器、漁船に固定されていない集魚灯、魚群探知機等の機器等の漁業用資材が該当する。

「追徴」とは、没収すべき物の全部又は一部を没収することができない場合に、その没収に代えてその価額を徴収する処分をいう（注６～８）。

注１：昭和49年12月20日最高裁二小刑判決（昭和48年（あ）第1365号）【要旨】

憲法第31条はかならずしも刑罰がすべて法律そのもので定められなければならないとするものではなく、法律の具体的な授権によってそれ以下の法令によって定めることができると解する。漁業法第65条（現行法の第119条に相当）及び水産資源保護法第４条は漁業調整又は水産資源の保護培養のため必要があると認める事項に関して、その内容を限定して、罰則を制定する権限を都道府県知事に賦与しているところ、右規定が憲法第31条に違反しないことは、明らかである。

注２：昭和46年３月18日福岡高裁刑判決（昭和45年（う）第120号、123号、128号）【要旨】

水産動植物の採捕禁止期間中、多数回にわたって違法な採捕を行った場合の罪数について、宮崎県漁業調整規則第35条第１項第１号が禁止する採捕行為は、本来的に個々の行為であって、業態的（集合的）行為ではなく、出漁ごとに「いせえび」を採捕すると同時に既遂の状態に達し、各採捕ごとに一罪をなす。

注３：昭和54年８月13日大津地裁民判決（昭和45年（ワ）第107号）【要旨】

滋賀県漁業調整規則により、犯罪を犯した者として６月以下の懲役もしくは１万円以下の罰金に処せられ、またはこれを併科されることとなるのみならず、右は犯罪にかかる漁獲物、その製品、漁船及び漁具で犯人が所有するものは、没収することができるものとされているとともに右犯行時犯人所有の右物件で右による没収できないものは、その価額を追徴することができるものとされているのであるから、追さで網漁業の無許可経営をする者が右漁業の経営について有する経営主体としての利益は、法的保護に価するものとみることはできず、したがって右利益が侵害されたからといって、そのことだけでただちに右侵害行為が違法のものということはできない。

注４：平成２年６月28日最高裁刑判決（平成元年（あ）第1374号）【要旨】

被告人が海上保安庁の巡視艇等の追尾を振り切るためなど船体に無線機、レーダー及び高出力の船外機等を装備した漁船を使用し、共犯者らを乗り組ませなどして、北海道海面漁業調整規則に違反する漁業を営んだという本件事案の下において、同規則55条２項本文により右船舶船体等をその所有者である被告人から没収することは相当である。

注５：昭和63年７月19日福岡高裁刑判決（昭和63年（う）第35号）【要旨】

右差押えに係るうなぎは、刑事訴訟法第122条・第222条第１項所定の「没収することができる押収物で保管に不便なもの」として右規定に従い換価処分に付されたものであるから、没収の関係においては法律上被換価物件と同一視すべきものでこれを没収の対象物とすることができるのである（最高裁昭和25年（あ）第477号同年10月26日決定）。

したがって、本件においては、被換価物件である前記うなぎの換価代金は、宮崎県内水面漁業調整規則第36条第２項によりこれを没収すべきものであって、同金額を追徴すべきものではないから、右と異なり、右換価代金を没収することなくこれと同金額を追徴する措置に出た判決には、規則第36条第２項の適用を誤った違法があり、これが判決に影響を及ぼすことは明らかであるから、原判決は破棄を免れない。

注６：昭和49年６月17日最高裁一小刑判決（昭和47年（あ）第1572号）【要旨】

漁業法第140条（現行法の第192条に相当）により追徴することができる漁獲物の価額は、客観的に適正な卸売価格をいう。

注７：大正13年１月21日大審院刑判決（大正13年（れ）第1663号）【要旨】

追徴スヘキ漁獲物ノ価額ハ犯人カ該漁獲物ヲ売却シタル代金ニ依リテ之ヲ認定スルモ違法ニ非ス

注８：昭和７年７月21日大審院刑判決（昭和７年（れ）第597号）【要旨】

機船底曳網漁業取締規則第18条ニ依リ犯行ニヨル漁獲物ノ価額追徴ノ規定ヲ設ケタルハ元来該漁獲物ハ之ヲ没収スヘキモノナルモ其ノ之ヲ没収スル能ハサル場合ニ於テハ没収ニ代ヘテ漁獲物ノ価額ヲ追徴スルノ法意ナルコト明白ナルカ故ニ其ノ追徴ハ没収ヲ為スコト能ハサルニ至リタル時及場所ニ於ケル漁獲物ノ価額ヲ標準トシテ之ヲ為スヲ以テ右ノ法意ニ適合スルモノト云フヘク漁場現場ニ於ケル価額ヲ以テ右ノ標準ト為スヘキモノニ非ス

第62条

第六十二条　第二十五条第一項（第三十二条第十一項及び第五十条第八項において準用する場合を含む。）、第三十一条、第三十四条第十項又は第四十六条第一項の規定に違反した者は、科料に処する。

Ⅰ　趣旨

本条は、科料について定めたものである。

Ⅱ　解説

科料は、罰金と同じく金銭による刑罰であるが、金額の点で罰則と区別される。科料は、1,000円以上１万円未満である（刑法第17条）。

科料に処される者は、許可証の備付け等の義務（第25条第１項（第32条第11項及び第50条第８項において準用する場合を含む。））、許可番号を表示しない船舶の使用禁止（第31条）、内水面における水産動植物の採捕の許可証の携帯義務（第34条第10項）又は遊漁者等の漁具漁法の制限（第46条第１項）に違反した者である。

第63条

> 第六十三条　法人の代表者又は法人若しくは人の代理人、使用人その他の従業者が、その法人又は人の業務又は財産に関して、第六十一条第一項又は前条の違反行為をしたときは、行為者を罰するほか、その法人又は人に対し、各本条の罰金刑又は科料刑を科する。

Ⅰ　趣旨

本条は、両罰規定について定めたものである。

Ⅱ　解説

従業者が規則の規定に違反した場合、法人の代表者等使用者がそのことについて知らなかったことのみをもって、その責任を免れることとなると、当該規定の目的を十分達成することはできない。このような場合には、従業者だけでなく、その使用者たる業務主体についても同様に罰することが適当である(注)。

このため、本条において、両罰規定が設けられている。この両罰規定は、従業者の選任・監督その他違反行為を防止するために必要な注意を尽くさなかった過失を推定する規定であり、業務主体において必要な注意を尽くしたことが証明されない限り、事業主もまた刑事責任を免れないという趣旨である。

例えば、知事許可漁業の許可を受けた者に雇われた操業の責任者が当該漁業の操業中に当該漁業の許可証を携帯していない場合又は許可番号を表示しない船を当該許可に係る操業に使用した場合は、その操業の責任者は、行為者として規則例第25条第１項又は第31条第１項の規定に違反し第62条の規定によって処罰される。

注　：昭和56年４月24日札幌高裁刑判決（昭和56年（う）第22号）

漁獲物等の没収を規定した漁業法第140条（現行法の第192条に相当）の「犯人」には、同法第145条（現行法の第197条に相当）の両罰規定の適用を受ける事業主が含まれる。

第64条

> 第六十四条　第十七条第二項、第十九条第二項若しくは第二十五条第三項（第三十二条第十一項及び第五十条第八項において準用する場合を含む。）の規定、第二十六条から第二十八条まで、第三十条第一項若しくは第二項（これらの規定を第三十二条第十一項及び第三十四条第十三項において準用する場合を含む。）の規定、第三十四条第十二項の規定又は第五十条第五項の規定に違反した者は、五万円以下の過料に処する。

Ⅰ　趣旨

本条は、過料について定めたものである。

Ⅱ　解説

「過料」とは、刑罰である罰金や科料と異なり、行政上の義務の違反に対して、秩序維持の見地から課される行政上の秩序罰である。したがって、本条は、法第119条第３項及び第４項、水産資源保護法第４条第２項及び第３項の規定に基づく罰則ではなく、地方自治法第15条第２項に、基づいて定められたものである。

本条に規定する違反行為は、都道府県知事が操業状況や採捕状況を正確に把握することができないなど、制度の適正な運用を妨げるものであることから、過料に処するとされている。

本条により過料に処される者は、相続又は法人の合併若しくは分割の承継時の届出（第17条第２項）、休業中の漁業の就業の届出（第19条第２項）、許可証の写し等の携帯義務（第25条第３項（第32条第11項及び第50条第８項において準用する場合を含む。））、許可証の譲渡等の禁止（第26条）、許可証の書換え交付の申請（第27条）、許可証の再交付の申請（第28条）、許可証の返納若しくは返納できないときの届出（第30条第１項若しくは第２項（これらの規定を第32条第11項及び第34条第13項において準用する場合を含む。））、内水面における水産動植物の採捕の許可に係る許可証の写しの返納（第34条第12項）又は試験研究等の適用除外の許可の結果報告（第50条第５項）に違反した者である。

付　　録

Ⅰ　都道府県漁業調整規則例の制定について

（令和２年４月28日付け２水管第155号　水産庁長官通知）

漁業法等の一部を改正する等の法律（平成30年法律第95号）が平成30年12月14日に公布されたこと等に伴い、現行の都道府県漁業調整規則例及び都道府県内水面漁業調整規則例（平成12年６月15日付け12水管第1426号水産庁長官通知）を廃止し、別添１のとおり都道府県漁業調整規則例を定めるので、業務の適正な執行につき、御配慮願いたい。

また、制定の趣旨及び主な規定事項について、別添２のとおりとりまとめたので、併せて参考とされたい。

なお、本通知は、地方自治法（昭和22年法律第67号）第245条の４第１項の規定に基づく技術的助言であることを申し添える。

（別添１）「都道府県漁業調整規則例」略

（別添２）

第１　制定の趣旨等について

平成30年12月14日に漁業法等の一部を改正する等の法律（平成30年法律第95号。以下「改正法」という。）が公布され、資源管理措置、漁業許可及び免許制度等の漁業生産に関する基本的制度が一体的に見直されるとともに、都道府県で行うべき手続等の規定が新たに整備されたところである。

水産庁においては、全国統一的に一定の水準を確保するため、従来から都道府県漁業調整規則例及び都道府県内水面漁業調整規則例を作成してきたところであるが、改正法を踏まえてこれらを見直すこととした。なお、主な改正点は以下のとおりである。

⑴　資源管理の状況等の報告に係る規定を設けるなど、改正法による改正後の漁業法（昭和24年法律第267号。以下「法」という。）の新たな規定を適切に実施するための規定を整備するとともに、制限や義務が漁業者等にとって明らかとなるよう所要の整備を行う。

⑵　公正かつ安定的な制度運用が確保されるよう、知事許可漁業の許可手続、停泊命令等の規定が整備されたことから、一連の手続や規制の内容について漁業者等が適切に理解できるよう、法に規定されている条項について確認的に記載する。

⑶　海面の規則と内水面の規則が分かれていると、それぞれの規則の適用範囲が不明確であり、河口付近における漁業関係法令違反（いわゆる密漁）について取締り上の疑義が生じる場合があることから、都道府県漁業調整規則例及び都道府県内水面

漁業調整規則例（以下「旧規則例」という。）を統合し、新たに漁業調整規則例（以下「新規則例」という。）を制定する。

第2　知事許可漁業に関する主な規定事項について

1　公示に基づく許可方式

法においては、大臣許可漁業の規定を準用する形で知事許可漁業の手続を規定している。これは、将来にわたって漁業生産力を発展させるため、許可制度をより安定的な制度として運用していくとともに、透明性が高い手続を経ることで効果的かつ理解しやすい規制措置を講ずる必要があるためである。

今後、知事許可漁業の許可に当たっては、漁業調整のため漁業者又はその使用する船舶等について制限措置を定め、その範囲内で許可を行うことになる。都道府県知事は、制限措置を公平かつ中立なものにするとともに、知事許可漁業の許可を受けようとする者が申請の機会を逸することがないよう、当該制限措置の内容及び申請期間を広く公示をして一般に周知し、許可を希望する者に申請の機会を与える必要がある。

また、多様な漁業実態のある知事許可漁業において、許可をすべき船舶の数等が公示した船舶の数等を上回る場合には、関係海区漁業調整委員会の意見を聴いた上で、漁業者の所得向上、新規就業者の確保、地域の水産業の発展に資するなどの知事許可漁業の状況を勘案して許可の基準を定め、これに従って許可を行うことになる。また、許可漁業者が将来に向けて安心して継続的に操業し、地域ごとの実情を踏まえて漁業生産力を発展させることができるよう、基準の作成に当たっては、一定程度以上の操業の実績を有する者や経営の改善に資するため当該漁業に転換する者を優先して許可するなど、地域の漁業を維持・発展させるために必要な措置を講ずる必要がある。

2　許可の手続に関する規定

(1)　漁業調整委員会等の意見聴取

法において、都道府県知事は、公示する制限措置の内容及び申請すべき期間を定めようとするとき、許可等をすべき船舶等の数が公示した船舶等の数を超える場合の許可の基準を定めるときなどは、関係海区漁業調整委員会又は内水面漁場管理委員会（以下「漁業調整委員会等」という。）の意見を聴くこととされている。

他方、法においては、知事許可漁業に係る許可の条件の付与、許可の取消し等の手続について漁業調整委員会等の意見を聴く規定は置かれていないが、漁業者にとって重大な影響を与えるこれらの不利益処分を行うに当たり、都道府県知事の客観的かつ適正な判断に資するよう、地域の実情に精通した漁業調整委員会等の意見を聴く規定を新規則例に置くこととした。

⑵ 許可等の申請期間

法において、公示に係る許可の申請すべき期間は、漁業の種類ごとに規則で定める期間とすることとされている（法第58条において読み替えて準用する法第42条第２項）。これは、申請期間を対外的に明らかにして申請の機会を確保し、手続の透明性を確保する一方、漁業の種類によっては、都道府県ごとの許可の実情等により、申請時に年間の操業計画を提出させるなど申請に必要な書類等を準備するまでに相当の期間が必要となる場合も考えられることから、地域の実情に応じて申請期間を規則で定められるようにしたものである。

このため、新規則例においては、許可等を申請すべき期間は、１月を下らない範囲で漁業の種類ごとに都道府県知事が定める期間とすることとした。ただし、許可等を申請すべき期間について、１月以上の申請期間とすると当該知事許可漁業の操業の時機を失し、当該知事許可漁業を営む者の経営に著しい支障を及ぼすと認められる事情があるときは、公示する日と許可予定日の間を１月未満にすることができることとした（第11条第２項）。

なお、いずれの場合も手続の透明性と制度運用の安定性を確保するため、告示、インターネットの利用その他の適切な方法により公示するものとする。

3　継続の許可等に関する規定

⑴ 継続の許可

法において、大臣許可漁業については、その許可を受けた者が、その許可の有効期間の満了日の到来のため、その許可を受けた船舶と同一の船舶について許可を申請したときは、許可をしなければならないとされている（法第45条第１号）。

この点、知事許可漁業については、地先の資源の発生や来遊の状況に応じて許可を受ける者の数を調整する必要のある漁業があるなど多種多様な漁業が営まれており、全ての種類の知事許可漁業について一律に当該規定を適用すると、地域の資源や漁業実態に応じた柔軟な対応をとることができなくなることから、各都道府県の実情に応じて、規則において対応することができるよう、法において大臣許可漁業の規定を準用していない。

このため、新規則例においては、各都道府県の実情に応じ、都道府県知事が指定する漁業について、継続の許可をすることができることとした（第14条第１項第１号）。

また、継続の許可の申請期間については、許可事務に要する処理期間を考慮して、従前の許可の有効期間の満了日の３月前から１月前までの間とした。ただし、当該知事許可漁業の状況を勘案し、これによることが適当でないと認められるときは都道府県知事が定めて公示する期間とした（第14条第２項）。

(2)　承継の許可の要件の見直し

承継の許可（法第45条第４号）についても、上記(1)と同様の趣旨により、各都道府県の実情に応じて、規則において対応することができるよう、法において大臣許可漁業の手続を準用していない。

このため、新規則例においては、各都道府県の実情に応じ、都道府県知事が指定する漁業について、承継の許可をすることができることとした（第14条第１項第４号）。

なお、旧規則例においては、承継の要件を共同経営化、法人化等に限定していたが、今後、承継を認める漁業については、こうした要件で確保しようとしていた内容を公示の際に制限措置で定めることが適当と考えられる。

4　許可の有効期間に関する規定

法においては、知事許可漁業の許可の有効期間は、漁業の種類ごとに５年を超えない範囲内において規則で定める期間とするとされている（法第58条において読み替えて準用する法第46条第１項）。これは、知事許可漁業については多種多様な漁業が営まれていることを踏まえ、漁業の種類ごとに、その実態に応じて都道府県知事が許可の有効期間を定めることができるようにするためである。

旧規則例においては、一般的に、知事許可漁業は大臣許可漁業と比較して専業の程度や投資の規模等が異なるため、原則３年の有効期間とされていた。しかし、安定的な許可制度の運用や中長期的な経営を可能とするとともに、漁業の実情や漁具、漁法の発達の程度を勘案して、漁業生産力の発展につながるよう５年以内の適切な期間で漁業の種類ごとに知事許可漁業の許可の有効期間を定めることとした（第15条第１項）。

5　許可の取消し等に関する規定

法において、知事許可漁業の許可を取り消すことができる休業期間は、規則で定めることとされている（法第58条において読み替えて準用する法第51条第１項）。

旧規則例においては、許可を受けた者がその許可を受けた日から６月間又は引き続き１年間休業したときはその許可を取り消すことができることとしており、新規則においても、同様の期間とすることとした（第20条第１項）。

今後は、知事許可漁業の許可が有効に活用され、漁業生産力の発展につながるよう、資源管理の状況等の報告等により操業の実態を従前以上に的確に把握し、特段の理由なく休業している者に対しては、本規定の適用を検討する必要がある。

また、資源の急激な減少による減船や公共事業のための測量その他の公益上の必要性による許可の取消しや停止等を行う必要性が生じ得る場合があることから、新規則例においては、都道府県知事は、公益上の必要により知事許可漁業の許可の取消し等を行うことができる規定を設けることとした（第23条第１項）。

6　衛星船位測定送信機等の備付け命令に関する規定

法においては、国際的な枠組みにおいて決定された措置の履行その他漁業調整のため特に必要があると認めるときは、知事許可漁業の許可を受けた者に対し、衛星船位測定送信機その他の規則で定める電子機器の備付け命令等ができることとされている（法第58条において読み替えて準用する法第52条第２項）。これは、国際的な地域漁業管理機関においては、衛星船位測定送信機を漁船に装備し、常時稼働させることを条約上義務付けることにより、規制措置の履行状況を国によって確認することが国際的潮流となっていること、同送信機は漁業取締りを効率的に行うためにも有効な装置であることを踏まえて規定されたものである。

このため、新規則例において、衛星船位測定送信機の備付け命令等に関する規定を整備することとした（第53条）。

第３　資源管理の状況等の報告に関する主な規定事項について

法においては、知事許可漁業の許可を受けた者は、規則で定めるところにより、当該許可に係る知事許可漁業における資源管理の状況、漁業生産の実績その他規則で定める事項を都道府県知事に報告しなければならないこととされている（法第58条において読み替えて準用する法第52条第１項）。これは、資源管理の重要性を踏まえ、全ての知事許可漁業について、その許可を受けた者に対して、各漁業の実態に応じた資源管理の状況等の報告を義務付けるとともに、報告された情報を都道府県知事が資源管理等に活かしていくためである。

このため、新規則例においては、漁業の種類ごとの実態の違いや報告の電子化に対応できるよう、報告事項及び報告期限を規定することとした（第21条）。

また、当該報告については、休業の取扱い（法第58条において読み替えて準用する法第50条及び第51条、新規則例第19条及び第20条）にも関係するものであり、報告の意義等について漁業者へ適切に指導するとともに、未提出者に対する催告等の指導を十分に行う必要がある。

さらに、資源評価の精度を向上させるためには、魚種別の漁獲量に加えて、単位努力量当たりの漁獲量（CPUE：１日当たりの漁獲量等）が算出できるように、努力量（操業回数や操業日数等）の情報を記入させるなど報告内容の充実を図るべきである。

第４　その他の主な規定事項について

１　特定の漁業の許可

漁業は、産業として生産性の向上を目指して変化していくものであり、資源の分布・回遊状況の変化や漁ろう技術の発達等により、新たな魚種を対象とすることや、別の漁法を導入するなど、既存の漁業とは異なる新たな漁業が行われることがある。こうした漁業は、一般に既存の漁業よりも漁獲効率が良く、また、同一の漁場への新たな参入となることが多く、資源や漁場をめぐって漁業調整上の問題を生じる可能性が高い。

例えば、特定の水産動植物の採捕を目的として営む漁業や特定の漁業の方法により営む漁業であって、試験研究又は新技術の企業化のため試行的に漁業を営もうとするようなものが考えられるが、こうしたものも知事許可漁業と同様に知事の管理の下で行うこととする必要がある。しかしながら、新しい漁業であることから、あらかじめ知事が制限措置を定められるものばかりではない。

このため、法第57条第１項の知事許可漁業とは別に、法第119条第１項に基づく漁業の許可として、水産資源の保存及び管理並びに漁場の使用に関する紛争の防止を行えるように、新規則例において手続等の必要な規定を整備することとした（第32条）。

その際、試行的に実施する漁業又は未だ安定的に行える状態ではない漁業については、実施する者と期間を限定して行うことが適当と考えられるため、知事許可漁業の許可のように公示をして許可の申請を募る手続とはしないこととした。

２　試験研究等の適用除外

旧規則例において規定されている試験研究等の適用除外については、新規則例においても同様に規定することとした（第50条）。

なお、採捕禁止等の適用除外の許可は、規則において禁止している事項の適用を除外するものであるという当該規定の趣旨に照らし、第４項の条件に違反した場合の罰則の適用をなくし、元の禁止規定の違反として罰則を適用することとした。また、適用除外を受けた試験研究等による採捕の実施状況を把握する観点から、結果の報告を義務付けることとした。

３　停泊命令の期間の上限

旧規則例においては、停泊命令に係る停泊期間は、40日を超えないものとしていた。

しかし、悪質な法令違反に対して行政処分を強化する必要性がある場合を踏まえ、知事許可漁業における多様な漁業実態、違反の程度や漁場の使用に関する紛争防止の必要性等を勘案し、各都道府県が地域の実情に応じて対応することができるよう、新規則例においては、期間の上限規定は削除することとした（第51条）。

ただし、不利益処分が適正に行われる必要があることは当然であり、例えば、自都道府県内の漁業者と他の都道府県の漁業者とで差別的な処分基準とすることなどは不適当であり、行政手続法（平成５年法律第88号）第12条第１項の規定による処分の基準を適切に定めることとされたい。

4　罰則規定の見直し

法に規定された罰則については、法の規定が適用されることになるため、罰則適用の明確化の観点から、新規則例には規定しない。また、新規則例における罰則の規定について所要の整備を行う（第61条から第64条まで）。

5　その他

⑴　緯度及び経度による表示（第35条及び第40条から第42条まで）

衛星測位、地理情報システムや電子機器等の発達により、水面における緯度経度の情報を容易に得られることができるようになっている。このため、禁止区域を設定する場合は、当該区域を明確にし、適切な取締りを行う観点から、できる限り緯度及び経度による表示をするとともに、必要に応じて従来の標記も併記するなどし、関係者が認識しやすいようにすることとした。

⑵　禁止期間等の規定の見直し（第36条、第37条、第40条及び第41条）

禁止期間、全長等の制限、禁止区域等に関する規定について、これらの規定が漁業者以外にも適用されることを踏まえ、重複する規定について、水産動植物ごとに規制内容を整理し、規定の明確化を図ることとした。

⑶　漁場内の岩礁破砕等の許可（第48条）

旧規則例では、漁場内において岩礁を破砕し、又は土砂若しくは岩石を採取することが、水産動植物の産卵生育等に影響を与え、漁業権の侵害行為となることが多いことから、漁業権の設定されている漁場において、岩礁破砕等の行為を一般的に禁止し、知事の許可を得た場合にのみ禁止を解除することとしたものである。

今般、改正法により海区漁場計画が新たに法に位置付けられたことに伴い、法における「漁業権の設定」という文言の意味は、免許により漁業権を付与するという従来の意味（改正前の漁業法第10条）ではなく、あらかじめ、取得される可能性のある漁業権の内容を海区漁場計画に記載することを意味することとなっている（法第62条及び第63条）。

ついては、岩礁破砕等の許可の規定について、法改正により、従前の文言ではその意味するところが異なることとなったため、「漁業権の設定されている漁場」を「漁業権の存する漁場」と規定の文言を変更することとした。

したがって、文言を変更しても、改正前後で、岩礁破砕等の許可の規定が意図するところは変わらない。

⑷　添付書類の省略（第60条）

行政手続の効率化及び漁業者等の行政手続に係る負担の軽減のため、既に同一内容の書類を行政庁に提出している場合や、都道府県知事が必要ないと認める場合には、添付書類の省略をすることができることを規定した。

特に、情報通信技術を活用した行政の推進等に関する法律(令和元年法律第16号)が令和元年12月16日に施行され、電子的な行政手続が可能となったことを踏まえ、添付書類の提出を求めるに当たっては、その必要性を検討することが適当である。

⑸　小型機船底びき網漁業の地方名称

小型機船底びき網漁業の地方名称については、これまでの運用実態から、各都道府県において柔軟に対応することが適当と考えられるため、新規則例においては、規定しないこととした。

⑹　許可内容に違反する操業の禁止

法においては、知事許可漁業の許可に当たって、都道府県知事は制限措置を定めて公示することとされ、変更の許可を受けずに当該制限措置と異なる内容により知事許可漁業を営んだ者に対する罰則が規定されている（法第190条第４号）。

旧規則例に規定していた許可内容に違反する操業の禁止については、法に基づき、制限措置違反により対応することとなったことから、新規則例においては、許可内容に違反する操業の禁止は規定しないこととした。

⑺　電気設備の制限並びに漁船の総トン数及び馬力数の制限

法においては、電気設備の制限並びに漁船の総トン数及び馬力数の制限は、許可の条件や制限措置として漁業種類ごとに対応すべきものであり、規則で一律に規定する必要性が乏しいことから、新規則例においては規定しないこととした。

⑻　移植の禁止

特定外来生物による生態系等に係る被害の防止に関する法律（平成16年法律第78号。以下「外来生物法」という。）により、全国的に規制すべき外来生物については、特定外来生物として、環境大臣及び農林水産大臣の許可を受けた場合を除き、飼養、栽培、保管又は運搬が禁止されている。このため、外来生物法による規制がすでになされているものについては、改めて規定する必要性が乏しいことから、新規則例においては規定しないこととした。

⑼　様式の規定

旧規則例においては、漁業権の申請書、漁業権行使規則の認可申請書、遊漁規則の認可申請書、知事許可漁業の許可等の手続に係る書類、内水面における水産動植物の採捕の許可の手続に係る書類等の様式を定めている。

今後、行政手続の電子化を進めていくこととされており、都道府県の実情に応じて柔軟な対応ができることが適当であることから、新規則例においては、様式は定めないこととした。

なお、各都道府県で様式を用いる場合には、申請者等の便宜を図る観点から、ホームページ等で公表するものとする。

Ⅱ　漁業関係法令等の違反に対する農林水産大臣の処分基準等

（令和２年11月16日付け２水管第1550号　水産庁長官通知）

漁業法（昭和24年法律第267号。以下「法」という。）又は漁業の許可及び取締り等に関する省令（昭和38年農林省令第５号。以下「許可省令」という。）の規定に基づき農林水産大臣が行う次の①から⑤までに掲げる処分に関する処分基準、処分内容等については、法及び許可省令の定めによるほか、以下のとおりとする。

①　法第54条第２項の規定に基づき許可又は起業の認可を変更し、取り消し、又はその効力の停止を命ずる処分

②　法第92条第２項の規定に基づき漁業権（法第183条の規定に基づくものに限る。）を取り消し、又はその行使の停止を命ずる処分

③　法第131条第１項の規定に基づき停泊を命じ、又は漁具等の使用の禁止若しくは陸揚げを命ずる処分

④　許可省令第104条第１項の規定に基づき船長等の乗組みを制限し、又は禁止する処分

⑤　許可省令第108条第１項の規定に基づき外国周辺の海域において漁業を営み、又は漁業に従事することを禁止する処分

第１　許可等の変更、取消又は効力停止処分（法第54条第２項関係）

１　許可等の変更処分について

農林水産大臣による漁業の許可又は起業の認可（以下「許可等」という。）を受けた者が、法又は許可省令の規定（罰則に係るものに限る。以下「漁業関係法令」という。）に違反する行為（以下「漁業関係法令違反行為」という。）をした日から過去５年以内に、漁業関係法令違反行為に係る農林水産大臣の処分を少なくとも２回受けていた場合には、農林水産大臣は、期間を定め、許可の内容の変更を命ずることとする。

２　許可等の取消処分について

許可等を受けた者が漁業関係法令に違反し、かつ、次の①から③までのいずれかに該当する場合には、農林水産大臣は、当該許可等の取消しを命ずることとする。

①　当該漁業関係法令違反行為をした際に、漁業監督公務員に対して、その生命又は身体に対して危害を及ぼすおそれのある行為をした場合

②　当該漁業関係法令違反行為をした日から過去５年以内に漁業関係法令違反行為

に係る農林水産大臣の処分を少なくとも３回受けていた場合であって、かつ、当該漁業関係法令違反行為が農林水産大臣の処分を受ける行為に相当するものである場合

③　当該漁業関係法令違反行為に対する第３の１に規定する停泊処分の日数が200日を超える場合

３　許可等の効力停止処分について

許可等を受けた者が漁業関係法令違反行為をした場合には、農林水産大臣は、第３の１に規定する停泊処分と併せて、当該停泊処分の期間中、当該許可等の効力の停止を命ずることとする。

第２　漁業権の取消又は行使の停止処分（法第92条第２項関係）

１　漁業権の取消処分について

法第183条の規定に基づき農林水産大臣が設定した漁業権を有する者が、漁業関係法令に違反し、かつ、次の①から③までのいずれかに該当する場合には、農林水産大臣は、当該漁業権の取消しを命ずることとする。

①　当該漁業関係法令違反行為をした際に、漁業監督公務員に対して、その生命又は身体に対して危害を及ぼすおそれのある行為をした場合

②　当該漁業関係法令違反行為をした日から過去５年以内に漁業関係法令違反行為に係る農林水産大臣の処分を少なくとも４回受けていた場合であって、かつ、当該漁業関係法令違反行為が農林水産大臣の処分を受ける行為に相当するものである場合

③　当該漁業関係法令違反行為に対する第３の２に規定する処分の日数が200日を超える場合

２　漁業権の行使の停止処分について

１に規定する当該漁業権を有する者が、漁業関係法令違反行為をした日から過去５年以内に、漁業関係法令違反行為に係る農林水産大臣の処分を少なくとも３回受けていた場合には、農林水産大臣は、期間を定め、当該漁業権の行使の停止処分を命ずることとする。

第３　停泊処分又は漁具等の使用禁止処分若しくは陸揚げ処分（法第131条第１項関係）

１　停泊処分について

漁業者その他水産動植物を採捕し、又は養殖する者（以下第３において「漁業者等」という。）が、漁業に関係する法令の規定又はこれらの規定に基づく処分に違反する

行為（以下「法令等違反行為」という。）をした場合には、農林水産大臣は、次の⑴から⑷までに定めるところに従い、停泊を命ずるものとする。

⑴　適用の範囲

農林水産大臣が停泊を命ずる場合は、次に掲げる場合とする。

①　大臣許可漁業又は許可省令における届出漁業若しくは禁止漁業（法第119条第１項の規定により禁止されている漁業をいう。）を営む者又はこれらの従事者が法令等違反行為をした場合

②　法第183条の規定に基づき農林水産大臣が設定した漁業権を有する者若しくはこの従事者、又は当該漁業権に基づく組合員行使権により区画漁業若しくは共同漁業を営む者若しくはこれらの従事者が船舶を使用して法令等違反行為をした場合であって、これらの者に対して停泊処分を命ずることが秩序維持に有効な場合

③　管轄が明確でない又は管轄のない漁場において、法第57条第７項の規定により定められた事項に違反し知事許可漁業を営んだ場合その他の都道府県知事が管理する漁業を営む者又はこの従事者が船舶を使用して法令等違反行為をした場合であって、これらの者に対して農林水産大臣が停泊処分を命ずることが特に必要な場合

⑵「使用する船舶」

漁業者等が、当該法令等違反行為に使用した船舶（当該船舶の代船を含む。）その他の当該処分を命ずることが適当と認められる当該漁業者等が使用する船舶とする。

⑶「停泊港」

停泊処分の履行の確認が可能な港であって、当該処分の期間中、当該漁業者等が当該処分の対象船舶を管理することができる港とする。

⑷「停泊期間」

①　処分の実施時期

停泊処分は、当該法令等違反行為の事実の確認及び手続期間終了後速やかに行うものとし、当該法令等違反行為に係る漁業種類における法令上の操業禁止期間その他一般的に休漁期間とみなされる期間以外の時期に実施するものとする。

ただし、当該漁業者等に対して、停泊処分の開始日を延期する特段の必要があると認められる場合には、必要最小限の範囲で開始日を延期するものとする。

②　処分の日数

停泊処分の日数は、次のアに定める日数に、イ及びウに定める加算日数を加えた日数とする。ただし、漁業関係法令違反行為に対する停泊処分の日数が、200日を超えた場合には、第１の２の許可等の取消処分を行うこととする。

ア　基礎となる処分の日数

基礎となる処分の日数は、次の(ア)又は(イ)に定めるところにより算出するものとする。

(ア)　当該法令等違反行為が１の場合には、90日以内の日数とし、当該法令等違反行為が１の場合であって２以上の法令等違反行為に該当する場合、又は当該法令等違反行為が２以上の場合であってこれらの行為の間に目的・手段等の密接な関連性がある場合には、最も重い法令等違反行為の日数とする。

(イ)　２以上の法令等違反行為をした場合（(ア)に規定する場合を除く。）には、当該法令等違反行為の中で最も重い日数に、これ以外の法令等違反行為に係る処分日数を合計した日数の２分の１に相当する日数（１日未満の端数は、切り捨てる。）を加えた日数とする。

イ　累次の違反に係る加算日数

当該法令等違反行為をした日から過去５年以内に、同種の漁業種類について法令等違反行為に係る農林水産大臣の処分を受けていた場合には、アの規定により算出される日数の２分の１に相当する日数に、当該期間における処分（次の(ア)及び(イ)に定めるものをいう。）の回数を乗じて得た日数（１日未満の端数は切り捨てる。）とする。

(ア)　同種の漁業種類について同一の漁業者等に対して行った処分（当該法令等違反行為に係る船舶（当該船舶の代船を含む。）の滅失、譲渡その他の理由により事実上処分を行うことができなかったものを含む。）

(イ)　経営の実態が同等と認められる漁業者等に対して行った処分

ウ　悪質な行為等に係る加算日数

当該法令等違反行為において次の(ア)から(キ)までのいずれかの行為を伴う場合、又は当該法令等違反行為をした漁業者等が次の(ク)から(シ)までのいずれかに該当する場合には、150日以内の日数とする。ただし、過去の法令等違反行為に係る農林水産大臣の処分に対して履行しなかった日数がある場合には、当該日数をさらに加算するものとする。

(ア)　許可番号、船名、標識等の全部又は一部の偽称、偽装又は抹消

(イ)　停船命令無視又は逃走（法第193条第４号に該当する場合を除く。）

(ウ)　操業区域の甚だしい逸脱

(エ)　法令等違反行為に使用した漁具等の投棄

(オ)　漁業監督公務員に対する妨害、脅迫その他の危険行為

(カ)　ロープを流し、若しくは蛇行しながらの航走又は取締船への投光器の照射、

急接近若しくは接触その他の取締船に対する妨害

(キ)　衛星船位測定送信機又はその配線等の損壊又は無断改造

(ク)　当該法令等違反行為をした日から過去１年以内に法令等違反行為に係る農林水産大臣の処分を受けていた場合

(ケ)　当該法令等違反行為をした日から過去５年以内に罰則規定がある法令等違反行為により農林水産大臣の処分を少なくとも２回受けていた場合

(コ)　当該法令等違反行為が従前の法令等違反行為に係る農林水産大臣の処分に違反したものである場合

(サ)　我が国が締結した他国との漁業に関する条約その他の国際約束に基づき定められた規定又は許可省令第106条に規定する外国の法令の遵守義務に違反し、かつ、我が国の国際的信用を失墜させる行為である場合

(シ)　その他悪質と認められる行為を行った場合

2　漁具等の使用禁止処分又は陸揚げ処分

漁業者等が、法令等違反行為のうち、次の①から③までに掲げる場合には、農林水産大臣は、使用した漁具その他水産動植物の採捕若しくは養殖の用に供される物（以下「漁具等」という。）について、次の(1)から(4)までに定めるところに従い、使用禁止処分又は陸揚げ処分を命ずるものとする。

①　無許可操業(法第36条第１項の規定に違反して大臣許可漁業を営むことをいう。以下同じ。）又は使用が禁止されている漁具等を使用し、かつ、当該法令等違反行為をした日から過去５年以内に同様の法令等違反行為により農林水産大臣の処分を受けていた場合

②　法第183条の規定に基づき農林水産大臣が設定した漁業権を有する者若しくはこの従事者、又は当該漁業権に基づく組合員行使権により区画漁業若しくは共同漁業を営む者若しくはこれらの従事者が法令等違反行為（以下「漁業権の法令等違反行為」という。）をした場合であって、これらの者に対して漁具等の使用禁止処分又は陸揚げ処分を命ずることが秩序維持に有効な場合

③　管轄が明確でない又は管轄のない漁場において、都道府県知事が管理する漁業を営む者又はこれらの従事者が法令等違反行為（以下「知事管理漁業の法令等違反行為」という。）をした場合であって、これらの者に対して農林水産大臣が漁具等の使用禁止処分又は陸揚げ処分を命ずることが特に必要な場合

(1)　処分の対象となる漁具等

現に当該法令等違反行為に使用した漁具等だけではなく、当該漁具等に付随するもの及びこれと同様の機能を有するものも含むものとする。

⑵　陸揚げを行う場所

陸揚げ処分の履行の確認が可能な場所であって、当該処分の期間中、当該処分を受けた者が当該処分の対象の漁具等を管理することができる場所とする。

⑶　処分の実施時期

無許可操業をしたこと又は禁止漁具等を使用したことによる漁具等の使用禁止処分又は陸揚げ処分にあっては、第３の１⑷①に規定する停泊を命じた時期以外の時期とする。

⑷　処分の実施期間

無許可操業をしたこと又は禁止されている漁具等を使用したことによる漁具等の使用禁止処分又は陸揚げ処分にあっては１年以内の期間とし、漁業権の法令等違反行為又は知事管理漁業の法令等違反行為に係る漁具等の使用禁止処分又は陸揚げ処分にあっては第３の１⑷②の規定を準用した期間とする。

第４　船長等の乗組み禁止処分（許可省令第104条第１項関係）

漁業者その他水産動植物を採捕する者が、法令等違反行為を３以上した場合、又は法令等違反行為をした日から過去５年以内に農林水産大臣の処分を少なくとも２回受けていた場合には、農林水産大臣は、当該法令等違反行為をした者が使用する船舶の船長、船長の職務を行う者又は操業を指揮する者（基地式捕鯨業又は母船式捕鯨業における砲手を含む。）に対し、次の⑴から⑶までに定めるところに従いこれらの者の当該法令違反等行為に係る漁業又は水産資源の採捕に係る船舶への乗組みを制限し、又は禁止するものとする。

⑴　処分の対象者

操業を指揮する者（基地式捕鯨業又は母船式捕鯨業における砲手を含む。）を処分することとし、当該者に対し処分を行うことができなかった場合には、船舶の船長又は船長の職務を行う者を処分することとする。

⑵　処分の実施時期

第３の１⑷①の規定を準用する。

⑶　処分の日数

第３の１⑷②の規定を準用する。

第５　外国周辺の海域における操業等の禁止処分（許可省令第108条第１項関係）

漁業者が、許可省令第107条の規定にする違反行為をし、当該行為をした日から過去５年以内に同条の規定の違反行為に係る農林水産大臣の処分を少なくとも２回受けていた場合には、農林水産大臣は、当該漁業者及び当該漁業者の使用に係る船舶の船長、船長の職務を行う者又は操業を指揮する者に対し、次の⑴から⑶までに定めるところに従い、当該違反行為に係る同条の区域の周辺海域につき漁業を営み、又は漁業に従事することを禁止する区域及び期間を指定して、漁業を営み、又は漁業に従事することを禁止するものとする。

⑴　処分の範囲

①　当該漁業者に対しては当該漁業を営むことを禁止する処分を行うものとする。

②　①の処分に加え、操業を指揮する者に対し漁業に従事することを禁止する処分を行うこととし、当該処分を行うことができなかった場合には、船長又は船長の職務を行う者に対し当該処分を行うこととする。

⑵　処分の実施時期

第３の１⑷①の規定を準用する。

⑶　処分の日数

第３の１⑷②の規定を準用する。

第６　情状が認められる場合又は軽微なものと認められる場合の対応

当該法令等違反行為が不可抗力によるものであること等情状が認められる場合又は軽微なものと認められる場合には、農林水産大臣は、当該処分を減軽し、又は当該処分をせず警告に留めることができる。

また、法第54条第１項の規定に基づき適格性を喪失した者の許可を取り消した場合であって、かつ、本処分基準に基づく処分の必要性が認められない場合には、農林水産大臣は、当該処分を行わないことができる。

附　則

（施行期日）

１　この処分基準は、漁業法等の一部を改正する等の法律（平成30年法律第95号）の施行の日（令和２年12月１日）から施行する。

（漁業関係法令等の違反に対する農林水産大臣の処分に係る基準の廃止）

２　漁業関係法令等の違反に対する農林水産大臣の処分に係る基準（平成19年８月１日付け19水管第1364号）は、廃止する。

（処分の適用に関する経過措置）

３　この処分基準の施行の日前にした漁業関係法令違反行為又は法令等違反行為に対する基準の適用については、なお従前の例による。

Ⅲ　特定水産動植物採捕許可事務処理要領

（令和２年10月26日付け２水管第1337号　水産庁長官通知）

第１　趣旨及び制度の概要

近年の密漁は、その行為の態様が極めて悪質化しており、組織的かつ広域的に無秩序な採捕が繰り返され、漁業の生産活動や水産資源に深刻な影響を与えている。

このような現状を踏まえ、漁業法等の一部を改正する等の法律（平成30年法律第95号）により漁業法（昭和24年法律第267号。以下「法」という。）が改正され、法第132条第１項において、悪質な密漁の対象となるおそれが大きい特定水産動植物の採捕を原則として禁止することとされた。

また、当該禁止規定の適用が除外される場合として、同条第２項では、年次漁獲割当量の範囲内において採捕する場合（同項第１号）や漁業の許可、漁業権又は組合員行使権に基づいて漁業を営む場合（同項第２号及び第３号）のほか、特定水産動植物の生育及び漁業の生産活動への影響が軽微な場合として農林水産省令で定める場合（同項第４号）が規定されている。これを受けて、漁業法施行規則（令和２年農林水産省令第47号。以下「規則」という。）第42条第１項において、試験研究又は教育実習のため特定水産動植物を採捕することについて農林水産大臣又は都道府県知事の許可（以下単に「許可」という。）を受けた者が採捕する場合が定められている。

本要領は、規則第42条第１項の許可の審査基準、手続等に関し必要な事項を定めるものである。

第２　許可についての基本的考え方

１　許可に当たっての考え方

今般の法改正により、密漁に対する罰則が大幅に強化されたことを踏まえ、関係機関との協力関係の構築に努め、取締機関等との連携、情報収集の強化、漁業監督吏員の訓練・研修の充実、漁業者とのコミュニケーション等を戦略的かつ効率的に図り、取締りの実効性を確保することがより重要となる。

試験研究又は教育実習のため、特定水産動植物として規則第41条各号で定められた水産動植物の採捕を認める場合、農林水産大臣又は都道府県知事は、規則第42条第１項の規定に基づき許可をすることになる。当該許可は、同条第２項において、都道府県知事が管轄する水面において採捕する場合にあっては都道府県知事、それ以外の場合にあっては農林水産大臣がするものとされている。

許可の申請に対する審査に際しては、許可の申請をした者（以下「申請者」という。）に関する基本情報を確認するとともに、特定水産動植物の採捕の目的、特定水産動植物の種類及び数量、採捕の区域及び期間、使用する漁具等を十分に確認しなければならない。また、許可に当たっては、特定水産動植物の生育及び漁業活動への影響を軽減するため必要があると認めるときは必要な条件を付ける（同条第５項）など許可ごとに適切な対応をする必要がある。農林水産大臣又は都道府県知事は、当該試験研究又は教育実習のため採捕する者が、試験研究又は教育実習と称して不正に特定水産動植物を採捕することがないよう、その目的や計画について厳正に許可の申請の審査及び指導を行うものとする。

なお、当該許可で認められた範囲を逸脱して特定水産動植物を採捕した場合には、法第132条第１項違反に該当することに留意すること。

2　許可基準

次の⑴から⑷までの全てを満たす場合には、許可をするものとする。

⑴　試験研究又は教育実習の目的及び計画の内容が、必要かつ妥当と認められること。

⑵　当該特定水産動植物の採捕によって、特定水産動植物の生育又は漁業の生産活動に深刻な影響をもたらさないと認められること（採捕期間は合理的であるか、必要最小限の採捕量であるか、法人にあっては、従事者の数が必要最小限であるか等）。

⑶　申請者が、次の①から④までに掲げる者に該当しないこと。

①　暴力団員による不当な行為の防止等に関する法律（平成３年法律第77号）第２条第６号に規定する暴力団員又は同号に規定する暴力団員でなくなった日から５年を経過しない者（以下「暴力団員等」という。）

②　申請者が法人の場合にあっては、その役員又は使用人（操船又は採捕を指揮監督する者をいう。以下同じ。）の中に暴力団員等に該当する者があるもの

③　暴力団員等によってその事業活動が支配されている者

④　申請者が法人の場合にあっては、その役員又は使用人の中に暴力団員等によってその事業活動が支配されている者に該当する者があるもの

⑷　採捕に従事する者（採捕の責任者を含む。以下同じ。）の中に、暴力団員等に該当する者又は暴力団員等によってその事業活動が支配されている者がいないこと。

第３　許可手続

1　許可の申請者

許可の申請ができる者は、次の①から⑥までに掲げる者に限るものとする。

①　国又は地方公共団体

② 学校教育法（昭和22年法律第26号）に基づく高等学校（水産に関する学科を置くものに限る。）又は大学

③ 独立行政法人又は地方独立行政法人

④ 漁業協同組合又は漁業協同組合連合会

⑤ 国又は地方公共団体の委託を受けて試験研究又は教育実習を行う法人

⑥ 農林水産大臣又は都道府県知事が認める者

2 許可の申請手続

(1) 許可を受けようとする者には、特定水産動植物採捕許可申請書（参考様式１）（以下単に「申請書」という。）を都道府県知事が管轄する水面において採捕する場合にあっては都道府県知事に、それ以外の場合にあっては農林水産大臣に提出させる。

農林水産大臣に提出させる場合としては、例えば、都道府県知事が管轄する水面とそれ以外の水面を一体的な採捕の区域として試験研究又は教育実習を行う場合や、公海におけるうなぎの稚仔魚の試験研究又は教育実習による採捕する場合等が該当する。

(2) また、船舶を使用する場合にあっては、船舶ごとに申請書を提出させる。申請書には、次の①から⑧までに掲げる事項を記載するものとする。

① 申請者の氏名及び住所（法人にあっては、その名称、代表者の氏名及び主たる事務所の所在地）

② 採捕の目的

③ 採捕しようとする特定水産動植物の種類及び数量

④ 採捕の区域及び期間並びに使用する漁具の種類、規模及び数

⑤ 使用する船舶の名称、漁船登録番号（又は船舶番号）及び総トン数

⑥ 採捕の責任者

⑦ 採捕に従事する者の氏名及び住所

⑧ その他農林水産大臣又は都道府県知事が必要と認める事項

(3) 申請書には、次の①から③までに掲げる書類を添付させるものとする。ただし、許可又は不許可の判断に必要がないと認めるときは、書類の添付を省略させることができる。

① 試験研究又は教育実習に係る計画書

② 申請者が第２の２(3)及び(4)を誓約する書面

③ その他許可をするかどうかの判断に関し必要と認める書類（例：試験研究であることを確認するための公的な試験研究機関からの意見書、教育実習であることを確認するための教育機関からの意見書、試験研究又は教育実習の実績がある場

合にはその概要及び結果、船舶安全法（昭和８年法律第11号）に基づく船舶検査証書の写し、申請に係る船舶を使用する権利が所有権以外の場合には、当該権利を有することを証する書面等）

3　審査及び実態調査

農林水産大臣又は都道府県知事は、申請書の提出があったときは、その記載事項及び添付書類について審査するとともに、必要に応じて実態を調査し、その申請が適正かつ妥当なものであるかどうかを判断する。

この場合において、農林水産大臣又は都道府県知事は、申請書の記載事項又は添付書類に不備があるときは、期限を定め、申請者に対して、補正を求める。

4　許可又は不許可の決定

(1)　農林水産大臣又は都道府県知事は、３の判断により許可又は不許可を決定する。

(2)　許可する場合は、規則第42条第４項の規定に基づきその許可の有効期間を定めることが必要であり、許可の有効期間は、当該許可の性質から、１年以内の適切な期間とする。

また、同条第５項の規定に基づき、特定水産動植物の生育及び漁業の生産活動への影響を軽減するため必要があると認めるときは、その許可に条件を付けることができる。当該条件の付与は、採捕することができる特定水産動植物の種類及び数量、採捕の区域及び期間並びに使用する漁具の種類、規模及び数、従事者、使用する船舶その他農林水産大臣又は都道府県知事が必要と認める事項を許可証に具体的に記載して行うものとする。取締り上の観点から、農林水産大臣又は都道府県知事の判断により、採捕する場合の旗流の掲揚、現場における採捕の責任者の立会、試験研究又は教育実習が終了した場合の許可証の返納等に関する条件を付すことも可能である。

(3)　農林水産大臣又は都道府県知事は、許可をしたときは、特定水産動植物採捕許可証（参考様式２）を申請者に交付する（同条第６項)。また、採捕に従事する者ごとに特定水産動植物採捕許可証（従事者用）（参考様式３）を交付するなどして採捕に従事する者を明らかにし、取締りの実効性を確保する必要がある。

(4)　不許可とする場合は、特定水産動植物採捕不許可通知書（参考様式４）によりその旨を具体的な理由を付して申請者に通知するものとする。

5　標準的な事務処理期間

農林水産大臣による規則第42条第１項の許可に係る事務の標準的な事務処理期間は、30日とする。

第４　許可後の措置

１　許可証の携帯義務

⑴　採捕に当たっては、許可を受けた者及び採捕に従事する者に許可証を携帯させるとともに、それぞれに腕章又はこれに代わるものの着用を徹底させることとする。

⑵　許可を受けた者が、許可証を亡失し、又は許可証が滅失したため許可証の再交付の申請をするときは、特定水産動植物採捕許可証再交付申請書（参考様式５）を提出させるものとする。なお、再交付に係る手続中に許可証がないまま特定水産動植物を採捕することは、規則第42条第８項の許可証の携帯義務違反となり、同条第11項の許可の取消事由に該当するため、その旨を許可を受けた者に周知しておく必要がある。

２　許可に係る採捕の結果の報告

許可を受けた者には、規則第42条第10項の規定に基づき、許可の有効期間が満了したときは、その日から起算して30日を経過する日までに、その許可に係る採捕の結果を農林水産大臣又は都道府県知事に対して、特定水産動植物採捕結果報告書（参考様式６）により報告させるものとする。この場合において、採捕の目的や当該結果報告書の記載内容と実際の採捕の内容とが合致していることが分かる書類等を添付させるものとする。

３　許可の取消し

農林水産大臣又は都道府県知事は、許可を受けた者が次の⑴に掲げる場合に該当することとなったときには当該許可を取り消すこととし、⑵に掲げる場合に該当することとなったときには当該許可を取り消すことができるものとする。

⑴　第２の２の⑶又は⑷のいずれかを満たさなくなった場合

⑵　漁業関係法令又は漁業関係法令に基づく処分に違反した場合において、当該特定水産動植物の生育又は漁業活動への影響を軽減するために必要があると認める場合

４　許可証の記載内容の変更

許可証の記載内容に変更が生じた場合には、原則として、当該許可をした農林水産大臣又は都道府県知事に対して、許可証を返納するとともに、再度許可を受けるよう指導するものとする。

参考様式１

年　　月　　日

農林水産大臣又は都道府県知事　殿

住　　所
氏　　名
（法人にあっては、名称及び代表者の氏名）

特定水産動植物採捕許可申請書

特定水産動植物採捕許可を受けたいので、下記のとおり申請します。

記

１．採捕の目的

２．採捕しようとする特定水産動植物

種　　類	数　　量

３．採捕の区域及び期間

区　　域	期　　間
	年　　月　　日から 年　　月　　日まで

４．使用する漁具

種　　類	規　　模	数

５．使用する船舶

船　　名	漁船登録番号（又は船舶番号）	総トン数

６．採捕の責任者

氏　　名	住　　　　所

７．採捕に従事する者の氏名及び住所

氏　　名	住　　　　所

８．備考

備考　特定水産動植物採捕許可事務処理要領第３の２(3)②の「申請者が第２の２(3)及び(4)を誓約する書面」については、別紙の様式により提出してください。

（別紙）

宣誓書

年　　月　　日

農林水産大臣又は都道府県知事　殿

住　　所
氏　　名
（法人にあっては、名称及び代表者の氏名）

1　私は、次の①から④までのいずれにも該当しないことを誓約します。
① 暴力団員による不当な行為の防止等に関する法律（平成3年法律第 77 号）第2条第6号に規定する暴力団員又は同号に規定する暴力団員でなくなった日から5年を経過しない者（以下「暴力団員等」という。）
② 申請者が法人の場合にあっては、その役員の中に暴力団員等に該当する者があるもの
③ 暴力団員等によってその事業活動が支配されている者
④ 申請者が法人の場合にあっては、その役員の中に暴力団員等によってその事業活動が支配されている者に該当する者があるもの

2　また、採捕に従事する者（採捕の責任者を含む。）の中に、暴力団員等に該当する者又は暴力団員等によってその事業活動が支配されている者がいないことを宣誓します。

参考様式2

特定採捕許可番号第　　　号

特　定　水　産　動　植　物　採　捕　許　可　証

住　　　所
氏名（法人にあっては、名称及び代表者の氏名）

1　採捕しようとする特定水産動植物

2　許可の有効期間
年　月　日から　年　月　日まで

3　条件
（1）特定水産動植物の種類及び数量
（2）採捕の区域
（3）採捕の期間
（4）使用する漁具の種類、規模及び数
（5）採捕に従事する者の氏名及び住所
（6）使用する船舶
①　船　　名
②　漁船登録番号
③　船舶総トン数
④　推進機関の種類及び馬力数
（7）・・・

年　　月　　日

農林水産大臣又は都道府県知事　○○　○○

参考様式３

特定採捕許可番号第○号－１

特　定　水　産　動　植　物　採　捕　許　可　証（従事者用）

住　　　所
氏名（法人にあっては、名称及び代表者の氏名）

採捕に従事する者の氏名及び住所

１　採捕しようとする特定水産動植物

２　許可の有効期間
年　月　日から　年　月　日まで

３　条件
（１）特定水産動植物の種類及び数量
（２）採捕の区域
（３）採捕の期間
（４）使用する漁具の種類、規模及び数
（５）使用する船舶
①　船　　名
②　漁船登録番号
③　船舶総トン数
④　推進機関の種類及び馬力数
（６）・・・

年　　月　　日

農林水産大臣又は都道府県知事　○○　○○

参考様式4

年　月　日

特定水産動植物採捕不許可通知書

○○　○○　殿

農林水産大臣又は都道府県知事　○○　○○

　　年　月　日付けで申請のありました特定水産動植物採捕許可申請については、下記の理由により許可しないことに決定しましたので通知します。

記

1　採捕しようとする特定水産動植物の種類及び数量

2　不許可の理由

（教示）農林水産大臣の場合
　この処分に対して不服があるときは、行政不服審査法（平成26年法律第68号）の規定により、この処分があったことを知った日の翌日から起算して3か月以内に、農林水産大臣に対し審査請求することができる（なお、処分があったことを知った日の翌日から起算して3か月以内であっても、処分の日の翌日から起算して1年を経過した場合には、正当な理由がない限り、審査請求をすることができなくなる。）。
　また、この処分に対し取消しを求める訴訟を提起する場合は、行政事件訴訟法（昭和37年法律第139号）の規定により、この処分があったことを知った日の翌日から起算して6か月以内に、国を被告として、処分の取消しの訴えを提起することができる（なお、処分があったことを知った日の翌日から起算して6か月以内であっても、処分の日の翌日から起算して1年を経過した場合には、正当な理由がない限り、処分の取消しの訴えを提起することができなくなる。）。

参考様式５

年　　月　　日

農林水産大臣又は都道府県知事　殿

住　　所
氏　　名
（法人にあっては、名称及び代表者の氏名）

特定水産動植物採捕許可証再交付申請書

次の特定水産動植物採捕許可証を亡失（又は特定水産動植物採捕許可証が滅失）したので、再交付されたく申請します。

記

１　許可番号

２　再交付の理由

参考様式６

年　　月　　日

農林水産大臣又は都道府県知事　殿

住　　所
氏　　名
（法人にあっては、名称及び代表者の氏名）

特定水産動植物採捕結果報告書

特定水産動植物採捕許可に係る採捕の結果について、下記のとおり報告します。

記

1　特定水産動植物の種類

2　採捕の期間

3　採捕の方法（及び採捕に従事した者）

4　採捕した数量

5　その他

※　採捕の目的や当該結果報告書の記載内容と実際の採捕の内容とが合致していることが分かる書類等を適宜添付すること。

「Ⅳ　都道府県漁業調整規則例　三段表」は、

巻末265頁より始まります。（265頁から196頁まで）

様式第三号

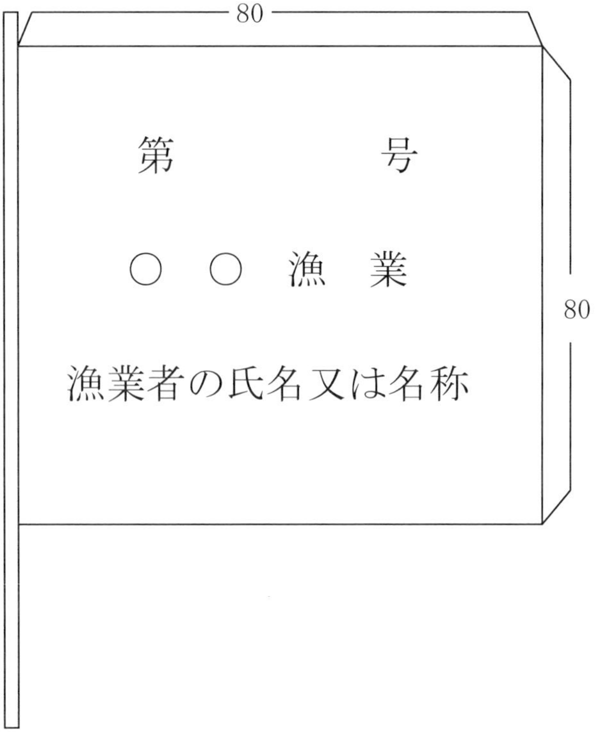

備　考

1　標識は、赤色の布地である。

2　数字は、センチメートルを示す。

様式第一号

漁　　　業	様　　式
小型機船底びき網漁業のうち打瀬漁業	ホク打123
小型機船底びき網漁業のうち自家用釣餌（つりじ）料びき網漁業	ホク自123
小型機船底びき網漁業のうち手繰第三種漁業（第一種共同漁業の内容となり得る水産動物の採捕を目的とするものに限る。）	ホク手123
上記以外の小型機船底びき網漁業	ホ　ク123
小型さけ・ます流し網漁業	ホク流123

備考　各文字及び数字の大きさは八センチメートル以上、太さは二センチメートル以上、間隔は二・五センチメートル以上とする

様式第二号

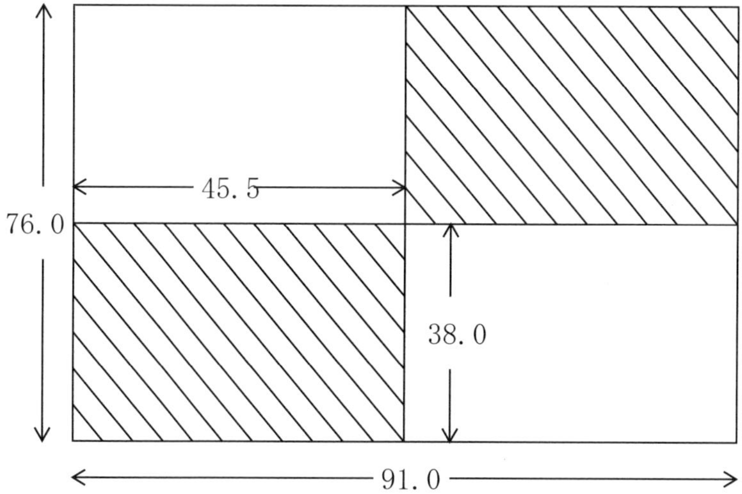

備考

1　斜線の部分は、黒であり、その他の部分は、黄である。

2　この旗は、国際海事機関の採択した国際信号書に掲載の「L」旗（あなたは、すぐ停船されたい。）である。

3　数字は、センチメートルを示す。

規定に違反した者は、科料に処する。

第六十三条　法人の代表者又は法人若しくは人の代理人、使用人その他の従業者が、その法人又は人の業務又は財産に関して、第六十一条第一項又は前条の違反行為をしたときは、行為者を罰するほか、その法人又は人に対し、各本条の罰金刑又は科料刑を科する。

第六十四条　第十七条第二項、第十九条第二項若しくは第二十五条第三項（第三十二条第十一項及び第五十条第八項において準用する場合を含む。）の規定、第二十六条から第二十八条まで、第三十条第一項若しくは第二項（これらの規定を第三十二条第十一項及び第三十四条第十三項において準用する場合を含む。）の規定、第三十四条第十二項の規定又は第五十条第五項の規定に違反した者は、五万円以下の過料に処する。

第十三条第一項若しくは第二項又は第四十八条第三項の規定により付けた条件に違反した者

三　第二十三条第一項（第三十二条第十一項及び第三十四条第十三項において準用する場合を含む。）、第三十二条第八項、第三十四条第十三項において準用する第二十二条第二項、第四十七条第二項又は第五十二条第一項の規定に基づく命令に違反した者

2　前項の場合においては、犯人が所有し、又は所持する漁獲物、その製品、漁船又は漁具その他水産動植物の採捕の用に供される物は、没収することができる。ただし、犯人が所有していたこれらの物件の全部又は一部を没収することができないときは、その価額を追徴することができる。

第六十二条　第二十五条第一項（第三十二条第十一項及び第五十条第八項において準用する場合を含む。）、第三十一条、第三十四条第十項又は第四十六条第一項の

付し、他の申請書その他の書類にはその旨を記載して、一の申請書その他の書類に添付した書類の添付を省略することができる。

2 前項に規定する場合のほか、知事は、特に必要がないと認めるときは、この規則の規定により申請書その他の書類に添付することとされている書類の添付を省略させることができる。

第六章 罰則

第六十一条 次の各号のいずれかに該当する者は、六月以下の懲役若しくは十万円以下の罰金に処し、又はこれを併科する。

一 第三十四条第一項、第三十五条から第四十条まで、第四十一条第一項若しくは第三項、第四十二条から第四十五条まで、第四十七条第一項、第四十八条第一項又は第四十九条の規定に違反した者

二 第三十二条第四項若しくは第五項、第三十四条第十三項において準用する

浮標をつけなければならない。この場合、夜間においては、当該ボンデンに電灯その他の照明を掲げなければならない。

一　○○はえ縄漁業及び○○はえ縄漁業

二　○○流し網漁業及び○○流し網漁業

2　前項の漁具の標識には、当該漁業を営む者の氏名又は名称及び住所を記載しなければならない。

（内水面漁場管理委員会）

第五十九条　内水面漁場管理委員会は、内水面における水産動植物の採捕、養殖及び増殖に関する事項を処理する。

2　この規則の規定による海区漁業調整委員会の権限は、内水面における漁業に関しては、内水面漁場管理委員会が行う。

（添付書類の省略）

第六十条　この規則の規定により同時に二以上の申請書その他の書類を提出する場合において、各申請書その他の書類に添付すべき書類の内容が同一であるときは、一の申請書その他の書類にこれを添

識を亡失し、若しくは毀損したときは、遅滞なくこれを書き換え、又は新たに建設し、若しくは設置しなければならない。

（定置漁業等の漁具の標識）

第五十七条　定置漁業その他知事が必要と認め別に定める漁業を営む者は、漁具の敷設中、昼間にあっては別記様式第三号による漁具の標識を当該漁具の見やすい場所に水面上一・五メートル以上の高さに設置し、夜間にあっては電灯その他の照明による漁具の標識を当該漁具に設置しなければならない。

2　知事は、前項の漁業を定めたときは、公示する。

（はえ縄漁業及び流し網漁業の漁具の標識）

第五十八条　次に掲げるはえ縄漁業及び流し網漁業に従事する操業責任者は、その操業中、幹縄又は綱の両端に、水面上一・五メートル以上の高さのボンデンをつけ、幹縄の中間に三百メートルごとに

よりLの信号（短音一回、長音一回、短音二回）を約七秒の間隔を置いて連続して行うこと。

三　投光器によりLの信号（短光一回、長光一回、短光二回）を約七秒の間隔を置いて連続して行うこと。

3　前項において、「長音」又は「長光」とは、約三秒間継続する吹鳴又は投光をいい、「短音」又は「短光」とは、約一秒間継続する吹鳴又は投光をいう。

第五章　雑則

（漁場又は漁具の標識の設置に係る届出）

第五十五条　法第百二十二条の規定により、漁場の標識の建設又は漁具の標識の設置を命じられた者は、遅滞なく、その命じられた方法により当該標識を建設し、又は設置し、その旨を知事に届け出なければならない。

（標識の書換え又は再設置等）

第五十六条　前条の標識の記載事項に変更を生じ、若しくは当該標識に記載した文字が明らかでなくなったとき又は当該標

イ　当該船舶を特定することができる情報

ロ　当該船舶の位置を示す情報並びに当該位置における日付及び時刻

三　前号に掲げる情報の改変を防止するための措置が講じられているものであること。

（停船命令）

第五十四条　漁業監督吏員は、法第百二十八条第三項の規定による検査又は質問をするため必要があるときは、操船又は漁ろうを指揮監督する者に対し、停船を命ずることができる。

2　前項の規定による停船命令は、法第百二十八条第三項の規定による検査若しくは質問をする旨を告げ、又は表示し、かつ、国際海事機関が採択した国際信号書に規定する次に掲げる信号その他の適切な手段により行うものとする。

一　別記様式第二号による信号旗Lを掲げること。

二　サイレン、汽笛その他の音響信号に

る漁業に使用する船舶への乗組みを制限し、又は禁止することができる。

2　前条第二項及び第三項の規定は、前項の場合について準用する。

（衛星船位測定送信機等の備付け命令）

第五十三条　知事は、国際的な枠組みにおいて決定された措置の履行その他漁業調整のため特に必要があると認めるときは、第四条第一項又は第三十二条第一項の許可を受けた者に対し、衛星船位測定送信機（人工衛星を利用して船舶の位置の測定及び送信を行う機器であって、次の各号に掲げる基準に適合するものをいう。）を当該許可を受けた船舶に備え付け、かつ、操業し、又は航行する期間中は当該電子機器を常時作動させることを命ずることができる。

一　当該許可を受けた船舶の位置を自動的に測定及び記録できるものであること。

二　次に掲げる情報を自動的に送信できるものであること。

した者が使用する船舶について停泊港及び停泊期間を指定して停泊を命じ、又は当該行為に使用した漁具その他水産動植物の採捕若しくは養殖の用に供される物について期間を指定してその使用の禁止若しくは陸揚げを命ずることができる。

2　知事は、前項の規定による処分（法第二十五条第一項の規定に違反する行為に係るものを除く。）をしようとするときは、行政手続法第十三条第一項の規定による意見陳述のための手続の区分にかかわらず、聴聞を行わなければならない。

3　第一項の規定による処分に係る聴聞の期日における審理は、公開により行わなければならない。

（船長等の乗組み禁止命令）

第五十二条　知事は、第四条第一項又は第三十二条第一項の許可を受けた者が漁業に関する法令の規定又はこれらの規定に基づく処分に違反する行為をしたと認めるときは、当該行為をした者が使用する船舶の操業責任者に対し、当該違反に係

い。

6　第一項の許可を受けた者が許可証に記載された事項につき変更しようとする場合は、知事の許可を受けなければならない。

7　第二項から第四項までの規定は、前項の場合に準用する。この場合において第三項中「交付する。」とあるのは「書き換えて交付する。」と読み替えるものとする。

8　第二十五条の規定は、第一項又は第六項の規定により許可を受けた者について準用する。

第四章　漁業の取締り

（停泊命令等）

第五十一条　知事は、漁業者その他水産動植物を採捕し、又は養殖する者が漁業に関する法令の規定又はこれらの規定に基づく処分に違反する行為をしたと認めるとき（法第二十七条及び法第三十四条に規定する場合を除く。）は、法第百三十一条第一項の規定に基づき、当該行為を

八　採捕に従事する者の氏名及び住所

3　知事は、第一項の許可をしたときは、次に掲げる事項を記載した許可証を交付する。

一　許可を受けた者の氏名及び住所（法人にあっては、その名称、代表者の氏名及び主たる事務所の所在地）

二　適用除外の事項

三　採捕する水産動植物の種類及び数量

四　採捕の期間及び区域

五　使用する漁具及び漁法

六　採捕に従事する者の氏名及び住所

七　使用する船舶の名称、漁船登録番号、総トン数並びに推進機関の種類及び馬力数

八　許可の有効期間

九　条件

4　知事は、第一項の許可をするに当たり、条件を付けることができる。

5　第一項の許可を受けた者は、当該許可に係る試験研究等の終了後遅滞なく、その結果を知事に報告しなければならな

殖用の種苗（種卵を含む。）の供給（自給を含む。）（以下この条において「試験研究等」という。）のための水産動植物の採捕について知事の許可を受けた者が行う当該試験研究等については、適用しない。

2　前項の許可を受けようとする者は、次に掲げる事項を記載した申請書を知事に提出しなければならない。

一　申請者の氏名及び住所（法人にあっては、その名称、代表者の氏名及び主たる事務所の所在地）

二　目的

三　適用除外の許可を必要とする事項

四　使用する船舶の名称、漁船登録番号、総トン数、推進機関の種類及び馬力数並びに所有者名

五　採捕しようとする水産動植物の名称及び数量（種苗の採捕の場合は、供給先及びその数量）

六　採捕の期間及び区域

七　使用する漁具及び漁法

る場合にあっては、この限りでない。

一　河川工事、砂防工事、地すべり防止工事及び海岸保全施設に関する工事（災害復旧事業としてこれらの工事を行うものを含む。）による場合

二　河川法第七条に規定する河川管理者、砂防法（明治三十年法律第二十九号）第五条に規定する都道府県知事若しくは同法第六条に規定する国土交通大臣、地すべり等防止法（昭和三十三年法律第三十号）第七条に規定する都道府県知事又は海岸法（昭和三十一年法律第百一号）に規定する海岸管理者が都道府県知事に協議し、その結果に基づき、河川法等の許可等がされた場合

（試験研究等の適用除外）

第五十条　この規則のうち水産動植物の種類若しくは大きさ、水産動植物の採捕の期間若しくは区域又は使用する漁具若しくは漁法についての制限又は禁止に関する規定は、試験研究、教育実習又は増養

二　目的
三　免許番号
四　区域
五　期間
六　補償の措置
七　その他参考となるべき事項

3　知事は、第一項の規定により許可をするに当たり、条件を付けることができる。

（砂れきの採取禁止）

第四十九条　内水面のうち第三十五条、第四十条及び第四十一条第一項の表の第○号から第○号までに規定する禁止区域並びに直轄管理河川等（一級河川のうち、河川法（昭和三十九年法律第百六十七号）第九条第二項に規定する指定区間以外の区間及び国土交通大臣の直轄工事が施行される海岸保全区域をいう。以下同じ。）以外で別表に掲げる区域（又は直轄管理河川等以外で別途知事が公示する区域）において、砂れきの採取又は除去を行ってはならない。ただし、次に掲げ

2　知事は、前項の規定に違反する者がある場合において、水産資源の保護培養上害があると認めるときは、その者に対して除害に必要な設備の設置を命じ、又は既に設けた除害設備の変更を命ずることができる。

3　前項の規定は、水質汚濁防止法（昭和四十五年法律第百三十八号）の適用を受ける者については、適用しない。

（漁場内の岩礁破砕等の許可）

第四十八条　海面のうち漁業権の存する漁場内において岩礁を破砕し、又は土砂若しくは岩石を採取しようとする者は、知事の許可を受けなければならない。

2　前項の規定により許可を受けようとする者は、次に掲げる事項を記載した申請書に、当該漁場に係る漁業権を有する者の同意書を添え、知事に提出しなければならない。

一　申請者の氏名及び住所（法人にあっては、その名称、代表者の氏名及び主たる事務所の所在地）

○○川	河川流幅の○分の一以上

（遊漁者等の漁具漁法の制限）

第四十六条　何人も、海面において次に掲げる漁具又は漁法以外の漁具又は漁法により水産動植物を採捕してはならない。

一　竿釣及び手釣

二　たも網及び叉手網

三　投網（船を使用しないものに限る。）

四　やす、は具

五　徒手採捕

六　・・・

2　前項の規定は、次に掲げる場合には、適用しない。

一　漁業者が漁業を営む場合

二　漁業従事者が漁業者のために水産動植物の採捕に従事する場合

三　試験研究のために水産動植物を採捕する場合

（有害物質の遺棄漏せつの禁止）

第四十七条　水産動植物に有害な物を遺棄し、又は漏せつしてはならない。

一　○○網（内水面において採捕する場合に限る。）

二　○○網

（火船の数の制限）

第四十四条　次の表の上欄に掲げる漁業につき火船を使用できる数は、一統につき、それぞれ同表の下欄の隻数の範囲内でなければならない。

漁業種類	火船の数の範囲
○○漁業	○隻以下
○○漁業	○隻以下

（溯河魚類の通路を遮断して行う水産動植物の採捕の制限）

第四十五条　次の表の上欄に掲げる区域において溯河魚類の通路を遮断する漁具又は漁法によって水産動植物の採捕を行う場合には、それぞれ同表の下欄に掲げる範囲の魚道を開通しなければならない。

区域	魚道を開通すべき範囲
○○川	河川流幅の○分の一以上

	線に至る間の水面 ア　北緯○○度○○分○○秒東経○○度○○分○○秒の点 イ　北緯○○度○○分○○秒東経○○度○○分○○秒の点 ウ　北緯○○度○○分○○秒東経○○度○○分○○秒の点 エ　北緯○○度○○分○○秒東経○○度○○分○○秒の点	を除く。）以外の漁具・漁法	

（夜間の採捕の禁止）

第四十三条　何人も、次に掲げる漁具又は漁法により午前零時から午前○時まで及び午後○時から午後十二時までの間、水産動植物を採捕してはならない。

づいて種苗として採捕する場合は、前項の表の第○号から第○号までの規定は適用しない。

3　第一項の表の第○号の規定に違反して採捕した水産動植物又はその製品は、所持し、又は販売してはならない。

（河口付近における採捕の制限）

第四十二条　何人も、次の表の第一欄に掲げる河川の河口付近であって同表の第二欄に掲げる区域において、同表の第三欄に掲げる漁具又は漁法により、同表の第四欄に掲げる期間中、水産動植物を採捕してはならない。ただし、第一種共同漁業若しくは第三種区画漁業を内容とする漁業権又はこれらに係る組合員行使権に基づいて採捕する場合は、この限りでない。

河川名	禁止区域	禁止漁具・漁法	禁止期間
○○川河口	次に掲げるア及びイの点を結んだ線からウ及びエの点を結んだ	手釣、竿釣（引掛竿釣及びこれに類するもの	○月○日から○月○日まで

点を順次結んだ線によって囲まれた水面 ア　北緯○○度○○分○○秒東経○○度○○分○○秒の点 イ　北緯○○度○○分○○秒東経○○度○○分○○秒の点 ウ　北緯○○度○○分○○秒東経○○度○○分○○秒の点 エ　北緯○○度○○分○○秒東経○○度○○分○○秒の点

2　第四条第一項の規定による許可を受けた者が当該許可に基づいて内水面において採捕する場合又は第一種共同漁業若しくは第三種区画漁業を内容とする漁業権若しくはこれらに係る組合員行使権に基

		エ　北緯○○度○○分○○秒東経○○度○○分○○秒の点
九　あわび（殻長○○センチメートル以下のものに限る。）	周年	海面
十　あわび（殻長○○センチメートルを超えるものに限る。）	○月○日から○月○日まで	海面
十一　はまぐり（殻長○○センチメートル以下のものに限る。）	周年	海面
十二　はまぐり（殻長○○センチメートルを超えるものに限る。）	○月○日から○月○日まで	海面
十三　ほたてがい	○月○日から○月○日まで	次に掲げるア、イ、ウ、エ及びアの各

チメートル以下のものに限る。）		
七　いせえび（体長○○センチメートル以下のものに限る。）	周年	海面
八　いせえび（体長○○センチメートルを超えるものに限る。）	九月一日から九月三十日まで	次に掲げるア、イ、ウ、エ及びアの各点を順次結んだ線によって囲まれた水面 ア　北緯○○度○○分○○秒東経○○度○○分○○秒の点 イ　北緯○○度○○分○○秒東経○○度○○分○○秒の点 ウ　北緯○○度○○分○○秒東経○○度○○分○○秒の点

る水産動植物を、同表の中欄に掲げる期間中、同表の下欄に掲げる区域において採捕してはならない。

水産動植物	禁止期間	禁止区域
一 あゆ	十月一日から十二月三十一日まで	内水面
二 いわな（全長○○センチメートル以下のものに限る。）	十月一日から翌年三月三十一日まで	内水面
三 さけ	周年	内水面
四 たい（全長○○センチメートル以下のものに限る。）	○月○日から○月○日まで	海面
五 にじます（全長○○センチメートル以下のものに限る。）	○月○日から○月○日まで	内水面
六 ます（にじますを除き、全長○○セン	○月○日から○月○日まで	内水面

	反数　○○反以下
四手網	網目　十五センチメートルにつき○節以下
地びき網	袖網の長さ　○○メートル以下

（禁止区域等）

第四十条　何人も、次に掲げる区域内において、水産動植物を採捕してはならない。

一　次に掲げるア、イ、ウ、エ及びアの各点を順次結んだ線によって囲まれた水面

ア　北緯○○度○○分○○秒東経○○度○○分○○秒の点

イ　北緯○○度○○分○○秒東経○○度○○分○○秒の点

ウ　北緯○○度○○分○○秒東経○○度○○分○○秒の点

エ　北緯○○度○○分○○秒東経○○度○○分○○秒の点

二　・・・

第四十一条　何人も、次の表の上欄に掲げ

二　動力を利用する瀬干漁法

三　・・・

第三十九条　次の表の上欄に掲げる漁具又は漁法により水産動植物を採捕する場合は、それぞれ同表の下欄に掲げる範囲でなければならない。

漁具又は漁法	範囲
建干網	網目　十五センチメートルにつき○節以下
す建、す干	すの間隔　○○センチメートル以上
○○をとることを目的とする桁	幅　○○センチメートル以下 爪の間隔　○○センチメートル以上
○○をとることを目的とする○○網	網目　十五センチメートルにつき○節以下（もじ網にあっては五十センチメートルにつき○○以下）
自家用釣餌《つりじ》料をとることを目的とする小型機船底びき網	ビームの長さ　○○センチメートル以下
○○をとることを目的とする流し網	網目　十五センチメートルにつき○節以下

しくは第三種区画漁業を内容とする漁業権若しくはこれらに係る組合員行使権に基づいて種苗として採捕する場合は、この限りでない。

水産動植物	大きさ
うなぎ	全長三十センチメートル以下
こい	全長○○センチメートル以下
ぶり	全長十五センチメートル以下
あさり	殻長○○センチメートル以下
さざえ	殻長○○センチメートル以下
・・・	・・・

2　何人も、内水面において、いわな、さけ、ます（にじますを除く。）又はにじますの産んだ卵を採捕してはならない。

3　前二項の規定に違反して採捕した水産動植物又はその製品は、所持し、又は販売してはならない。

（漁具漁法の制限及び禁止）

第三十八条　何人も、次に掲げる漁具又は漁法により水産動植物を採捕してはならない。

一　水中に電流を通じてする漁法

に基づいて種苗として採捕する場合は、この限りでない。

水産動植物	禁止期間
あゆ	一月一日から五月三十一日まで
しらうお	○月○日から○月○日まで
あかがい	○月○日から○月○日まで
たいらぎ	○月○日から○月○日まで
なまこ	○月○日から○月○日まで
てんぐさ	○月○日から○月○日まで
わかめ	○月○日から○月○日まで
・・・	・・・

2　前項の規定に違反して採捕した水産動植物又はその製品は、所持し、又は販売してはならない。

（全長等の制限）

第三十七条　何人も、次の表の上欄に掲げる水産動植物であって、それぞれ同表の下欄に掲げる大きさのものを採捕してはならない。ただし、第四条第一項第一号に掲げるもじゃこ漁業若しくは同項第二号に掲げるうなぎ稚魚漁業の許可に基づいて採捕する場合又は第一種共同漁業若

○秒東経○○度○○分○○秒の点 ウ　北緯○○度○○分○○秒東経○○度○○分○○秒の点 エ　北緯○○度○○分○○秒東経○○度○○分○○秒の点		
次に掲げるア及びイの点を結んだ線から上流の○○川本流の水面 ア　北緯○○度○○分○○秒東経○○度○○分○○秒の点 イ　北緯○○度○○分○○秒東経○○度○○分○○秒の点	○月○日から○月○日まで	○○○

（禁止期間）

第三十六条　何人も、次の表の上欄に掲げる水産動植物を、それぞれ同表の下欄に掲げる期間中、採捕してはならない。ただし、第四条第一項の規定による許可を受けた者が当該許可に基づいて内水面において採捕する場合又は第一種共同漁業若しくは第三種区画漁業を内容とする漁業権若しくはこれらに係る組合員行使権定する許可証の写しを知事に返納しなければならない。

13　第八条第二項、第九条第二項及び第三項、第十三条、第二十条第三項、第二十二条、第二十三条並びに第二十六条から第三十条までの規定は、採捕の許可について準用する。

（保護水面における採捕の禁止）

第三十五条　何人も、次の表の上欄に掲げる保護水面（水産資源保護法第十八条第一項の規定によって指定されたものをいう。）の区域において、同表の中欄に掲げる期間中、それぞれ同表の下欄に掲げる水産動植物を採捕してはならない。

保護水面の区域	禁止期間	水産動植物
次に掲げるア、イ、ウ、エ及びアの各点を順次結んだ線によって囲まれた水面 ア　北緯○○度○○分○○秒東経○○度○○分○○秒の点 イ　北緯○○度○○分○	○月○日から○月○日まで	全ての水産動植物

三　使用する船舶の名称及び漁船登録番号
四　許可の有効期間
五　条件
六　その他参考となるべき事項

10　採捕の許可を受けた者は、当該許可に係る漁具又は漁法により水産動植物を採捕するときは、前項の許可証を自ら携帯し、又は採捕に従事する者に携帯させなければならない。

11　前項の規定にかかわらず、許可証の書換え交付の申請その他の事由により許可証を行政庁に提出中である者が、当該許可に係る漁具又は漁法により水産動植物を採捕するときは、知事がその記載内容が許可証の記載内容と同一であり、かつ、当該許可証を行政庁に提出中である旨を証明した許可証の写しを自ら携帯し、又は採捕に従事する者に携帯させれば足りる。

12　前項の場合において、許可証の交付又は還付を受けた者は、遅滞なく同項に規

7　知事は、採捕の許可を受けた者がその許可を受けた日から六月間又は引き続き一年間その許可に係る漁具又は漁法により水産動植物を採捕しないときは、内水面漁場管理委員会の意見を聴いて、その許可を取り消すことができる。

8　採捕の許可を受けた者の責めに帰すべき事由による場合を除き、第十三項において準用する第二十三条第一項の規定により許可の効力を停止された期間及び法第百二十条第一項の規定による指示若しくは同条第十一項の規定による命令により第一項各号に掲げる漁具又は漁法による水産動植物の採捕を禁止された期間は、前項の期間に算入しない。

9　知事は、採捕の許可をしたときは、その者に対し次に掲げる事項を記載した許可証を交付する。

一　採捕の許可を受けた者の氏名及び住所（法人にあっては、その名称及び主たる事務所の所在地）

二　採捕に従事する者の氏名及び住所

一　申請者の氏名及び住所（法人にあっては、その名称、代表者の氏名及び主たる事務所の所在地）
二　採捕の種類
三　採捕する区域、期間及び水産動植物の種類
四　漁具の数及び規模
五　使用する船舶の名称、漁船登録番号、総トン数並びに推進機関の種類及び馬力数
六　採捕に従事する者の氏名及び住所
七　その他参考となるべき事項

5　採捕の許可の有効期間は、三年とする。ただし、漁業調整のため必要があると認められるときは、知事は、三年を超えない範囲内で、内水面漁場管理委員会の意見を聴いて、その期間を別に定めることができる。

6　採捕の許可を受けた者が死亡し、解散し、又は分割（当該許可に係る事業の全部を承継させるものに限る。）をしたときは、当該許可は、その効力を失う。

三　打瀬網
四　す建網
五　刺し網
六　建干網
七　石かま漁法（石倉漁法を含む。）
八　鵜飼漁法
九　・・・

2　前項の規定は、次に掲げる場合には適用しない。

一　第四条第一項又は第三十二条第一項の規定による許可を受けた者が当該許可に基づいて採捕する場合
二　漁業権又は組合員行使権を有する者がこれらの権利に基づいて採捕する場合
三　法第百七十条第一項の遊漁規則に基づいて採捕する場合

3　第一項の許可（以下この条において「採捕の許可」という。）を受けようとする者は、漁具又は漁法ごとに、次に掲げる事項を記載した申請書を知事に提出しなければならない。

2　農林水産大臣又は都道府県知事は、漁業調整のため、次に掲げる事項に関して必要な農林水産省令又は規則を定めることができる。

一　水産動植物の採捕又は処理に関する制限又は禁止（前項の規定により漁業を営むことを禁止すること及び農林水産大臣又は都道府県知事の許可を受けなければならないこととすることを除く。）

二　水産動植物若しくはその製品の販売又は所持に関する制限又は禁止

三　漁具又は漁船に関する制限又は禁止

四　漁業者の数又は資格に関する制限

んではならない。

一　次に掲げる水産動植物の採捕を目的として営む漁業

イ　○○（以下「○○漁業」という。）

ロ　○○（以下「○○漁業」という。）

二　次に掲げる漁業の方法により営む漁業

イ　沖縄式追込網（以下「沖縄式追込網漁業」という。）

ロ　空釣こぎ（以下「空釣こぎ漁業」という。）

（内水面における水産動植物の採捕の許可）

第三十四条　内水面において次に掲げる漁具又は漁法によって水産動植物を採捕しようとする者は、漁具又は漁法ごとに知事の許可を受けなければならない。

一　やな

二　まき網

（漁業調整に関する命令）
第百十九条

九条第一項第二号又は第十条第一項各号のいずれかに該当することとなったときは、当該許可を取り消さなければならない。

8　知事は、第一項の許可を受けた者が漁業に関する法令の規定に違反したときは、当該許可を変更し、取り消し、又はその効力の停止を命ずることができる。

9　第一項の許可を受けた者は、第二十一条第二項各号に掲げる事項を知事に報告しなければならない。

10　前項に定めるもののほか、同項の規定による報告に関し必要な事項は、知事が定めるものとする。

11　第八条第二項、第二十三条第一項及び第二十四条から第三十条までの規定は、第一項の許可について準用する。

第三章　水産資源の保護培養及び漁業調整に関するその他の措置

（漁業の禁止）
第三十三条　何人も、次に掲げる漁業を営

号、総トン数並びに推進機関の種類及び馬力数

六　その他参考となるべき事項

3　次の各号のいずれかに該当する場合は、知事は、第一項の許可をしてはならない。

一　第九条第一項第二号に該当する場合

二　申請者が第十条第一項各号のいずれかに該当する者である場合

三　漁業調整のため必要があると認める場合

4　知事は、漁業調整その他公益上必要があると認めるときは、第一項の許可をするに当たり、許可に条件を付けることができる。

5　知事は、漁業調整その他公益上必要があると認めるときは、第一項の許可後、当該許可に条件を付けることができる。

6　第一項の許可の有効期間は、漁業の種類ごとに三年を超えない範囲内において知事が定めるものとする。

7　知事は、第一項の許可を受けた者が第

（漁業調整に関する命令）

第百十九条　農林水産大臣又は都道府県知事は、漁業調整のため、特定の種類の水産動植物であつて農林水産省令若しくは規則で定めるものの採捕を目的として営む漁業若しくは特定の漁業の方法であつて農林水産省令若しくは規則で定めるものにより営む漁業（水産動植物の採捕に係るものに限る。）を禁止し、又はこれらの漁業について、農林水産省令若しくは規則で定めるところにより、農林水産大臣若しくは都道府県知事の許可を受けなければならないこととすることができる。

速やかに、前項の規定によりした表示を消さなければならない。

（特定の漁業の許可）

第三十二条　漁業生産力の発展に特に寄与すると知事が認める試験研究又は新技術の企業化のために、次に掲げる漁業を営もうとする者は、知事の許可を受けなければならない。

一　○○漁業　・・・

二　○○漁業　・・・

2　前項の許可を受けようとする者は、同項各号に掲げる漁業ごとに、次に掲げる事項を記載した申請書を知事に提出しなければならない。

一　申請者の氏名及び住所（法人にあっては、その名称、代表者の氏名及び主たる事務所の所在地）

二　漁業の種類

三　操業区域、漁業時期、漁獲物の種類及び漁業根拠地

四　漁具の種類、数及び規模

五　使用する船舶の名称、漁船登録番

た場合における従前の許可証についても、同様とする。

２　前項の場合において、許可証を返納することができないときは、理由を付してその旨を知事に届け出なければならない。

３　許可を受けた者が死亡し、又は合併以外の事由により解散し、若しくは合併により消滅したときは、その相続人、清算人又は合併後存続する法人若しくは合併によって成立した法人の代表者が前二項の手続をしなければならない。

（許可番号を表示しない船舶の使用禁止）

第三十一条　許可を受けた者（第四条第一項第○号及び第○号に掲げる漁業の許可を受けた者を除く。次項において同じ。）は、当該許可に係る船舶の外部の両舷側の中央部に別記様式第一号による許可番号を表示しなければ、当該船舶を当該漁業に使用してはならない。

２　許可を受けた者は、当該許可がその効力を失い、又は取り消された場合には、

一　第十三条第二項の規定により許可若しくは起業の認可に条件を付け、又は同条第一項若しくは第二項の規定により付けた条件を変更し、若しくは取り消したとき。

二　第十六条第一項の許可（船舶の総トン数又は推進機関の馬力数の変更に係る許可を除く。）をしたとき。

三　第十七条第二項の規定による届出があったとき。

四　第二十二条第二項又は第二十三条第一項の規定により、許可を変更したとき。

五　第二十七条の規定による書換え交付又は前条の規定による再交付の申請があったとき。

（許可証の返納）

第三十条　許可を受けた者は、当該許可がその効力を失い、又は取り消された場合には、速やかに、その許可証を知事に返納しなければならない。前条の規定により許可証の書換え交付又は再交付を受けトン数又は推進機関の馬力数の変更に係るものにあっては、その工事が終わったとき又は機関換装の終わったとき）は、速やかに、次に掲げる事項を記載した申請書を提出して、知事に許可証の書換え交付を申請しなければならない。

一　申請者の氏名及び住所（法人にあっては、その名称、代表者の氏名及び主たる事務所の所在地）

二　漁業種類

三　許可を受けた年月日及び許可番号

四　書換えの内容

五　書換えを必要とする理由

（許可証の再交付の申請）

第二十八条　許可を受けた者は、許可証を亡失し、又は毀損したときは、速やかに、理由を付して知事に許可証の再交付を申請しなければならない。

（許可証の書換え交付及び再交付）

第二十九条　知事は、次に掲げる場合には、遅滞なく、許可証を書き換えて交付し、又は再交付する。

2　前項の規定にかかわらず、許可証の書換え交付の申請その他の事由により許可証を行政庁に提出中である者が、当該許可に係る漁業を操業するときは、知事がその記載内容が許可証の記載内容と同一であり、かつ、当該許可証を行政庁に提出中である旨を証明した許可証の写しを、当該許可に係る船舶内に備え付け、又は自ら携帯し、若しくは操業責任者に携帯させれば足りる。

3　前項の場合において、許可証の交付又は還付を受けた者は、遅滞なく同項に規定する許可証の写しを知事に返納しなければならない。

（許可証の譲渡等の禁止）

第二十六条　許可を受けた者は、許可証又は前条第二項の規定による許可証の写しを他人に譲渡し、又は貸与してはならない。

（許可証の書換え交付の申請）

第二十七条　許可を受けた者は、許可証の記載事項に変更が生じたとき（船舶の総

第五十六条　農林水産大臣は、許可をしたときは、農林水産省令で定めるところにより、その者に対し許可証を交付する。

2　許可証の書換え交付、再交付及び返納に関し必要な事項は、農林水産省令で定める。

第五十六条　都道府県知事は、許可をしたときは、規則で定めるところにより、その者に対し許可証を交付する。

2　許可証の書換え交付、再交付及び返納に関し必要な事項は、規則で定める。

第二十四条　知事は、許可をしたときは、その者に対し次に掲げる事項を記載した許可証を交付する。

一　許可を受けた者の氏名及び住所（法人にあっては、その名称及び主たる事務所の所在地）

二　漁業種類

三　操業区域及び漁業時期

四　使用する船舶の名称、漁船登録番号、総トン数並びに推進機関の種類及び馬力数

五　許可の有効期間

六　条件

七　その他参考となるべき事項

（許可証の備付け等の義務）

第二十五条　許可を受けた者は、当該許可に係る漁業を操業するときは、許可証を当該許可に係る船舶内に備え付け、又は自ら携帯し、若しくは操業責任者（船舶の船長、船長の職務を行う者又は操業を指揮する者をいう。以下同じ。）に携帯させなければならない。

めの手続の区分にかかわらず、聴聞を行わなければならない。

4　第一項又は第二項の規定による処分に係る聴聞の期日における審理は、公開により行わなければならない。

（公益上の必要による許可等の取消し等）

第五十五条　農林水産大臣は、漁業調整その他公益上必要があると認めるときは、許可又は起業の認可を変更し、取り消し、又はその効力の停止を命ずることができる。

2　前条第三項及び第四項の規定は、前項の規定による処分について準用する。

3　水産資源保護法（昭和二十六年法律第三百十三号）第十二条の規定は、第一項の場合について準用する。この場合において、同条中「第十条第五項」とあるのは「漁業法第五十五条第一項」と、「同条第四項の告示の日」とあるのは「その許可の取消しの日」と読み替えるものとする。

（許可証の交付等）

めの手続の区分にかかわらず、聴聞を行わなければならない。

4　第一項又は第二項の規定による処分に係る聴聞の期日における審理は、公開により行わなければならない。

（準用せず）

（許可証の交付等）

の区分にかかわらず、聴聞を行わなければならない。

4　第一項又は第二項の規定による処分に係る聴聞の期日における審理は、公開により行わなければならない。

（公益上の必要による許可等の取消し等）

第二十三条　知事は、漁業調整その他公益上必要があると認めるときは、関係海区漁業調整委員会の意見を聴いて、許可又は起業の認可を変更し、取り消し、又はその効力の停止を命ずることができる。

2　前条第三項及び第四項の規定は、前項の規定による処分について準用する。

（許可証の交付）

し、必要な措置を講ずべきことを勧告するものとする。

（適格性の喪失等による許可等の取消し等）

第五十四条　農林水産大臣は、許可又は起業の認可を受けた者が第四十条第一項第二号又は第四十一条第一項各号（第六号を除く。）のいずれかに該当することとなつたときは、当該許可又は起業の認可を取り消さなければならない。

2　農林水産大臣は、許可又は起業の認可を受けた者が次の各号のいずれかに該当することとなつたときは、当該許可又は起業の認可を変更し、取り消し、又はその効力の停止を命ずることができる。

一　漁業に関する法令の規定に違反したとき。

二　前条の規定による勧告に従わないとき。

3　農林水産大臣は、前項の規定による処分をしようとするときは、行政手続法第十三条第一項の規定による意見陳述のた

（適格性の喪失等による許可等の取消し等）

第五十四条　都道府県知事は、許可又は起業の認可を受けた者が第四十条第一項第二号又は第四十一条第一項各号（第六号を除く。）のいずれかに該当することとなつたときは、当該許可又は起業の認可を取り消さなければならない。

2　都道府県知事は、許可又は起業の認可を受けた者が漁業に関する法令の規定に違反したときは、当該許可又は起業の認可を変更し、取り消し、又はその効力の停止を命ずることができる。

3　都道府県知事は、前項の規定による処分をしようとするときは、行政手続法第十三条第一項の規定による意見陳述のた

（適格性の喪失等による許可等の取消し等）

第二十二条　知事は、許可又は起業の認可を受けた者が第九条第一項第二号又は第十条第一項各号のいずれかに該当することとなったときは、関係海区漁業調整委員会の意見を聴いて、当該許可又は起業の認可を取り消さなければならない。

2　知事は、許可又は起業の認可を受けた者が漁業に関する法令の規定に違反したときは、関係海区漁業調整委員会の意見を聴いて、当該許可又は起業の認可を変更し、取り消し、又はその効力の停止を命ずることができる。

3　知事は、前項の規定による処分をしようとするときは、行政手続法第十三条第一項の規定による意見陳述のための手続

2　農林水産大臣は、国際的な枠組みにおいて決定された措置の履行その他漁業調整のため特に必要があると認めるときは、許可を受けた者に対し、衛星船位測定送信機その他の農林水産省令で定める電子機器を当該許可を受けた船舶に備え付け、かつ、操業し、又は航行する期間中は当該電子機器を常時作動させることを命ずることができる。

（勧告）

第五十三条　農林水産大臣は、許可又は起業の認可を受けた者が第四十一条第一項第六号に該当することとなつたときは、当該許可又は起業の認可を受けた者に対

2　都道府県知事は、国際的な枠組みにおいて決定された措置の履行その他漁業調整のため特に必要があると認めるときは、許可を受けた者に対し、衛星船位測定送信機その他の農林水産省令又は規則で定める電子機器を当該許可を受けた船舶に備え付け、かつ、操業し、又は航行する期間中は当該電子機器を常時作動させることを命ずることができる。

（準用せず）

うなぎ稚魚漁業	漁業時期の終了後三十日以内
○○漁業	当該航海終了後三十日以内
○○漁業	翌月の十日まで

2　前項の規定による報告は、次に掲げる事項について行うものとする。

一　許可を受けた者の氏名（法人にあっては、その名称）

二　許可番号

三　報告の対象となる期間

四　漁獲量その他の漁業生産の実績

五　漁業の方法、操業日数、操業区域その他の操業の状況

六　資源管理に関する取組の実施状況その他の資源管理の状況

七　その他必要な事項

規定に基づく命令、第百二十条第一項の規定による指示、同条第十一項の規定による命令、第百二十一条第一項の規定による指示又は同条第四項において読み替えて準用する第百二十条第十一項の規定による命令により大臣許可漁業を禁止された期間は、前項の期間に算入しない。

3　第一項の規定による許可の取消しに係る聴聞の期日における審理は、公開により行わなければならない。

（資源管理の状況等の報告等）

第五十二条　許可を受けた者は、農林水産省令で定めるところにより、当該許可に係る大臣許可漁業における資源管理の状況、漁業生産の実績その他の農林水産省令で定める事項を農林水産大臣に報告しなければならない。ただし、第二十六条第一項又は第三十条第一項の規定により農林水産大臣に報告した事項については、この限りでない。

規定に基づく命令、第百二十条第一項の規定による指示、同条第十一項の規定による命令、第百二十一条第一項の規定による指示又は同条第四項において読み替えて準用する第百二十条第十一項の規定による命令により知事許可漁業を禁止された期間は、前項の期間に算入しない。

3　第一項の規定による許可の取消しに係る聴聞の期日における審理は、公開により行わなければならない。

（資源管理の状況等の報告等）

第五十二条　許可を受けた者は、規則で定めるところにより、当該許可に係る知事許可漁業における資源管理の状況、漁業生産の実績その他の農林水産省令又は規則で定める事項を都道府県知事に報告しなければならない。ただし、第二十六条第一項又は第三十条第一項の規定により都道府県知事に報告した事項については、この限りでない。

の規定に基づく命令、法第百二十条第一項の規定による指示、同条第十一項の規定による命令、法第百二十一条第一項の規定による指示又は同条第四項において読み替えて準用する法第百二十条第十一項の規定による命令により知事許可漁業を禁止された期間は、前項の期間に算入しない。

3　第一項の規定による許可の取消しに係る聴聞の期日における審理は、公開により行わなければならない。

（資源管理の状況等の報告）

第二十一条　許可を受けた者は、次の表の上欄に掲げる知事許可漁業の種類の区分に応じ、それぞれ下欄に掲げる期限までに、次項各号に掲げる事項を知事に報告しなければならない。

知事許可漁業の種類	期限
中型まき網漁業、小型機船底びき網漁業、瀬戸内海機船船びき網漁業及び小型さけ・ます流し網漁業	翌月の十日まで

（休業等の届出）

第五十条　許可を受けた者は、一漁業時期以上にわたつて休業しようとするときは、休業期間を定め、あらかじめ農林水産大臣に届け出なければならない。

（休業による許可の取消し）

第五十一条　農林水産大臣は、許可を受けた者が農林水産省令で定める期間を超えて休業したときは、その許可を取り消すことができる。

2　許可を受けた者の責めに帰すべき事由による場合を除き、第五十五条第一項の規定により許可の効力を停止された期間及び第百十九条第一項若しくは第二項の

（休業等の届出）

第五十条　許可を受けた者は、一漁業時期以上にわたつて休業しようとするときは、休業期間を定め、あらかじめ都道府県知事に届け出なければならない。

（休業による許可の取消し）

第五十一条　都道府県知事は、許可を受けた者が規則で定める期間を超えて休業したときは、その許可を取り消すことができる。

2　許可を受けた者の責めに帰すべき事由による場合を除き、第五十五条第一項の規定により許可の効力を停止された期間及び第百十九条第一項若しくは第二項の

失う。この場合において、許可を受けた者は、当該許可に係る知事許可漁業を廃止した日から二月以内にその旨を知事に届け出なければならない。

（休業等の届出）

第十九条　許可を受けた者は、一漁業時期以上にわたって休業しようとするときは、休業期間を定め、あらかじめ知事に届け出なければならない。

2　許可を受けた者は、前項の休業中の漁業につき就業しようとするときは、その旨を知事に届け出なければならない。

（休業による許可の取消し）

第二十条　知事は、許可を受けた者がその許可を受けた日から六月間又は引き続き一年間休業したときは、関係海区漁業調整委員会の意見を聴いて、その許可を取り消すことができる。

2　許可を受けた者の責めに帰すべき事由による場合を除き、第二十三条第一項の規定により許可の効力を停止された期間及び法第百十九条第一項若しくは第二項

の日から二月以内にその旨を農林水産大臣に届け出なければならない。

（許可等の失効）

第四十九条　次の各号のいずれかに該当する場合は、許可又は起業の認可は、その効力を失う。

一　許可を受けた船舶を当該大臣許可漁業に使用することを廃止したとき。

二　許可又は起業の認可を受けた船舶が滅失し、又は沈没したとき。

三　許可を受けた船舶を譲渡し、貸し付け、返還し、その他その船舶を使用する権利を失つたとき。

2　許可又は起業の認可を受けた者は、前項各号のいずれかに該当することとなつたときは、その日から二月以内にその旨を農林水産大臣に届け出なければならない。

（許可等の失効）

第四十九条　次の各号のいずれかに該当する場合は、許可又は起業の認可は、その効力を失う。

一　許可を受けた船舶を当該知事許可漁業に使用することを廃止したとき。

二　許可又は起業の認可を受けた船舶が滅失し、又は沈没したとき。

三　許可を受けた船舶を譲渡し、貸し付け、返還し、その他その船舶を使用する権利を失つたとき。

2　許可又は起業の認可を受けた者は、前項各号のいずれかに該当することとなつたときは、その日から二月以内にその旨を都道府県知事に届け出なければならない。

事実を証する書面を添え、承継の日から二月以内にその旨を知事に届け出なければならない。

（許可等の失効）

第十八条　次の各号のいずれかに該当する場合は、許可又は起業の認可は、その効力を失う。

一　許可を受けた船舶を当該知事許可漁業に使用することを廃止したとき。

二　許可又は起業の認可を受けた船舶が滅失し、又は沈没したとき。

三　許可を受けた船舶を譲渡し、貸し付け、返還し、その他その船舶を使用する権利を失ったとき。

2　許可又は起業の認可を受けた者は、前項各号のいずれかに該当することとなったときは、その日から二月以内にその旨を知事に届け出なければならない。

3　第一項の規定によるほか、許可を受けた者が当該許可に係る知事許可漁業を廃止したときは、当該許可は、その効力を

（相続又は法人の合併若しくは分割）

第四十八条　許可又は起業の認可を受けた者が死亡し、解散し、又は分割（当該許可又は起業の認可を受けた船舶を承継させるものに限る。）をしたときは、その相続人（相続人が二人以上ある場合においてその協議により大臣許可漁業を営むべき者を定めたときは、その者）、合併後存続する法人若しくは合併によつて成立した法人又は分割によつて当該船舶を承継した法人は、当該許可又は起業の認可を受けた者の地位を承継する。

２　前項の規定により許可又は起業の認可を受けた者の地位を承継した者は、承継

（準用せず）

五　変更の内容

六　変更の理由

３　知事は、前項の規定による申請があった場合において必要があるときは、変更の許可をするかどうかの判断に関し必要と認める書類の提出を求めることができる。

（相続又は法人の合併若しくは分割）

第十七条　許可又は起業の認可を受けた者が死亡し、解散し、又は分割（当該許可又は起業の認可に基づく権利及び義務の全部を承継させるものに限る。）をしたときは、その相続人（相続人が二人以上ある場合においてその協議により知事許可漁業を営むべき者を定めたときは、その者）、合併後存続する法人若しくは合併によつて成立した法人又は分割によって当該権利及び義務の全部を承継した法人は、当該許可又は起業の認可を受けた者の地位を承継する。

２　前項の規定により許可又は起業の認可を受けた者の地位を承継した者は、その

を聴いて、前項の期間より短い期間を定めることができる。

（変更の許可）

第四十七条　大臣許可漁業の許可を受けた者が、第四十二条第一項の農林水産省令で定める事項について、同項の規定により定められた制限措置と異なる内容により、大臣許可漁業を営もうとするときは、農林水産大臣の許可を受けなければならない。

会の意見を聴いて、前項の期間より短い期間を定めることができる。

（変更の許可）

第四十七条　知事許可漁業の許可を受けた者が、第四十二条第一項の規則で定める事項について、同項の規定により定められた制限措置と異なる内容により、知事許可漁業を営もうとするときは、都道府県知事の許可を受けなければならない。

を聴いて、前項の期間より短い期間を定めることができる。

（変更の許可）

第十六条　知事許可漁業の許可又は起業の認可を受けた者が、第十一条第一項各号に掲げる事項について、同項の規定により定められた制限措置と異なる内容により、知事許可漁業を営もうとするときは、知事の許可を受けなければならない。

2　前項の規定により変更の許可を受けようとする者は、次に掲げる事項を記載した申請書を知事に提出しなければならない。

一　申請者の氏名及び住所（法人にあっては、その名称、代表者の氏名及び主たる事務所の所在地）

二　漁業種類

三　知事許可漁業の許可又は起業の認可の番号

四　知事許可漁業の許可又は起業の認可を受けた年月日

（許可の有効期間）

第四十六条　許可の有効期間は、漁業の種類ごとに五年を超えない範囲内において農林水産省令で定める期間とする。ただし、前条（第一号を除く。）の規定によつて許可をした場合は、従前の許可の残存期間とする。

2　農林水産大臣は、漁業調整のため必要な限度において、水産政策審議会の意見

（許可の有効期間）

第四十六条　許可の有効期間は、漁業の種類ごとに五年を超えない範囲内において規則で定める期間とする。ただし、前条の規定によつて許可をした場合は、従前の許可の残存期間とする。

2　都道府県知事は、漁業調整のため必要な限度において、関係海区漁業調整委員

効期間の満了日の三月前から一月前までの間にしなければならない。ただし、当該知事許可漁業の状況を勘案し、これによることが適当でないと認められるときは、知事が定めて公示する期間内に申請をしなければならない。

（許可の有効期間）

第十五条　許可の有効期間は、次の各号に掲げる漁業の区分に応じ、それぞれ当該各号に定める期間とする。ただし、前条第一項（第一号を除く。）の規定によって許可をした場合は、従前の許可の残存期間とする。

一　法第五十七条第一項の農林水産省令で定める漁業及び第四条第一項第○号から第○号までに掲げる漁業　五年

二　第四条第一項第○号から第○号までに掲げる漁業　三年

三　第四条第一項第二号に掲げる漁業　一年

2　知事は、漁業調整のため必要な限度において、関係海区漁業調整委員会の意見

二　許可を受けた者が、その許可の有効期間中に、その許可を受けた船舶を当該大臣許可漁業に使用することを廃止し、他の船舶について許可又は起業の認可を申請したとき。

三　許可を受けた者が、その許可を受けた船舶が滅失し、又は沈没したため、滅失又は沈没の日から六月以内（その許可の有効期間中に限る。）に他の船舶について許可又は起業の認可を申請したとき。

四　許可を受けた者から、その許可の有効期間中に、許可を受けた船舶を譲り受け、借り受け、その返還を受け、その他相続又は法人の合併若しくは分割以外の事由により当該船舶を使用する権利を取得して当該大臣許可漁業を営もうとする者が、当該船舶について許可又は起業の認可を申請したとき。

二　許可を受けた者が、その許可の有効期間中に、その許可を受けた船舶を当該知事許可漁業に使用することを廃止し、他の船舶について許可又は起業の認可を申請したとき。

三　許可を受けた者が、その許可を受けた船舶が滅失し、又は沈没したため、滅失又は沈没の日から六月以内（その許可の有効期間中に限る。）に他の船舶について許可又は起業の認可を申請したとき。

四　（準用せず）

船舶と同一の船舶について許可を申請したとき。

二　許可を受けた者が、その許可の有効期間中に、その許可を受けた船舶を当該知事許可漁業に使用することを廃止し、他の船舶について許可又は起業の認可を申請したとき。

三　許可を受けた者が、その許可を受けた船舶が滅失し、又は沈没したため、滅失又は沈没の日から六月以内（その許可の有効期間中に限る。）に他の船舶について許可又は起業の認可を申請したとき。

四　許可を受けた者から、その許可の有効期間中に、許可を受けた船舶を譲り受け、借り受け、その返還を受け、その他相続又は法人の合併若しくは分割以外の事由により当該船舶を使用する権利を取得して当該知事許可漁業を営もうとする者が、当該船舶について許可又は起業の認可を申請したとき。

2　前項第一号の申請は、従前の許可の有

に条件を付けることができる。

3　農林水産大臣は、前項の規定により条件を付けようとするときは、行政手続法第十三条第一項の規定による意見陳述のための手続の区分にかかわらず、聴聞を行わなければならない。

4　第二項の規定による条件の付加に係る聴聞の期日における審理は、公開により行わなければならない。

（継続の許可又は起業の認可等）

第四十五条　次の各号のいずれかに該当する場合は、その申請の内容が従前の許可又は起業の認可を受けた内容と同一であるときは、第四十条第一項各号のいずれかに該当する場合を除き、許可又は起業の認可をしなければならない。

一　許可を受けた者が、その許可の有効期間の満了日の到来のため、その許可を受けた船舶と同一の船舶について許可を申請したとき。

に条件を付けることができる。

3　都道府県知事は、前項の規定により条件を付けようとするときは、行政手続法第十三条第一項の規定による意見陳述のための手続の区分にかかわらず、聴聞を行わなければならない。

4　第二項の規定による条件の付加に係る聴聞の期日における審理は、公開により行わなければならない。

（継続の許可又は起業の認可等）

第四十五条　次の各号のいずれかに該当する場合は、その申請の内容が従前の許可又は起業の認可を受けた内容と同一であるときは、第四十条第一項各号のいずれかに該当する場合を除き、許可又は起業の認可をしなければならない。

一　（準用せず）

聴いて、当該許可又は起業の認可に条件を付けることができる。

3　知事は、前項の規定により条件を付けようとするときは、行政手続法（平成五年法律第八十八号）第十三条第一項の規定による意見陳述のための手続の区分にかかわらず、聴聞を行わなければならない。

4　第二項の規定による条件の付加に係る聴聞の期日における審理は、公開により行わなければならない。

（継続の許可又は起業の認可等）

第十四条　次の各号のいずれかに該当する場合は、その申請の内容が従前の許可又は起業の認可を受けた内容と同一であるときは、第九条第一項各号のいずれかに該当する場合を除き、許可又は起業の認可をしなければならない。

一　許可（知事が指定する漁業に係るものに限る。第四号において同じ。）を受けた者が、その許可の有効期間の満了日の到来のため、その許可を受けた

（公示における留意事項）

第四十三条　農林水産大臣は、漁獲割当ての対象となる特定水産資源の採捕を通常伴うと認められる大臣許可漁業について、前条第一項の規定による公示をするに当たつては、当該大臣許可漁業において採捕すると見込まれる水産資源の総量のうちに漁獲割当ての対象となる特定水産資源の数量の占める割合が農林水産大臣が定める割合を下回ると認められる場合を除き、船舶の数及び船舶の総トン数その他の船舶の規模に関する制限措置を定めないものとする。

（許可等の条件）

第四十四条　農林水産大臣は、漁業調整その他公益上必要があると認めるときは、許可又は起業の認可をするに当たり、許可又は起業の認可に条件を付けることができる。

2　農林水産大臣は、漁業調整その他公益上必要があると認めるときは、許可又は起業の認可後、当該許可又は起業の認可

（公示における留意事項）

第四十三条　都道府県知事は、漁獲割当ての対象となる特定水産資源の採捕を通常伴うと認められる知事許可漁業について、前条第一項の規定による公示をするに当たつては、当該知事許可漁業において採捕すると見込まれる水産資源の総量のうちに漁獲割当ての対象となる特定水産資源の数量の占める割合が都道府県知事が定める割合を下回ると認められる場合を除き、船舶等の数及び船舶の総トン数その他の船舶等の規模に関する制限措置を定めないものとする。

（許可等の条件）

第四十四条　都道府県知事は、漁業調整その他公益上必要があると認めるときは、許可又は起業の認可をするに当たり、許可又は起業の認可に条件を付けることができる。

2　都道府県知事は、漁業調整その他公益上必要があると認めるときは、許可又は起業の認可後、当該許可又は起業の認可

（公示における留意事項）

第十二条　知事は、漁獲割当ての対象となる特定水産資源の採捕を通常伴うと認められる知事許可漁業について、前条第一項の規定による公示をするに当たっては、当該知事許可漁業において採捕すると見込まれる水産資源の総量のうちに漁獲割当ての対象となる特定水産資源の数量の占める割合が知事が定める割合を下回ると認められる場合を除き、船舶等の数及び船舶の総トン数その他の船舶等の規模に関する制限措置を定めないものとする。

（許可等の条件）

第十三条　知事は、漁業調整その他公益上必要があると認めるときは、許可又は起業の認可をするに当たり、許可又は起業の認可に条件を付けることができる。

2　知事は、漁業調整その他公益上必要があると認めるときは、許可又は起業の認可後、関係海区漁業調整委員会の意見を

係海区漁業調整委員会の意見を聴いた上で、許可の基準を定め、これに従って許可又は起業の認可をする者を定めるものとする。

8　許可又は起業の認可の申請をした者が当該申請をした後に死亡し、又は合併により解散し、若しくは分割（当該申請に係る権利及び義務の全部を承継させるものに限る。）をしたときは、その相続人（相続人が二人以上ある場合において、その協議により当該申請をした者の地位を承継すべき者を定めたときは、その者）、当該合併後存続する法人若しくは当該合併によって成立した法人又は当該分割によって当該権利及び義務の全部を承継した法人は、当該許可又は起業の認可の申請をした者の地位を承継する。

9　前項の規定により許可又は起業の認可の申請をした者の地位を承継した者は、その事実を証する書面を添え、承継の日から二月以内にその旨を知事に届け出なければならない。

する者を定めるものとする。

6　前項の規定により許可又は起業の認可をする者を定めることができないときは、公正な方法でくじを行い、許可又は起業の認可をする者を定めるものとする。

第五十七条　（略）

7　農林水産大臣は、第一項の農林水産省令で定める漁業について、都道府県の区域を超えた広域的な見地から、次に掲げる事項を定めることができる。

一　当該漁業について都道府県知事が許可をすることができる船舶等の数

二・三　（略）

区漁業調整委員会の意見を聴いた上で、許可の基準を定め、これに従つて許可又は起業の認可をする者を定めるものとする。

6　前項の規定により許可又は起業の認可をする者を定めることができないときは、公正な方法でくじを行い、許可又は起業の認可をする者を定めるものとする。

区漁業調整委員会の意見を聴いた上で、許可の基準を定め、これに従って許可又は起業の認可をする者を定めるものとする。

6　前項の規定により許可又は起業の認可をする者を定めることができないときは、公正な方法でくじを行い、許可又は起業の認可をする者を定めるものとする。

7　第四項の規定により許可又は起業の認可をすべき漁業者の数が第一項の規定により公示した漁業者の数を超える場合においては、第四項の規定にかかわらず、当該知事許可漁業の状況を勘案して、関

3　農林水産大臣は、第一項の規定により公示する制限措置の内容及び申請すべき期間を定めようとするときは、水産政策審議会の意見を聴かなければならない。ただし、前項ただし書の農林水産省令で定める緊急を要する特別の事情があるときは、この限りでない。

4　第一項の申請すべき期間内に許可又は起業の認可を申請した者（次項において「申請者」という。）に対しては、農林水産大臣は、第四十条第一項各号のいずれかに該当する場合を除き、許可又は起業の認可をしなければならない。

5　前項の規定により許可又は起業の認可をすべき船舶の数が第一項の規定により公示した船舶の数を超える場合においては、前項の規定にかかわらず、申請者の生産性を勘案して許可又は起業の認可を

3　都道府県知事は、第一項の規定により公示する制限措置の内容及び申請すべき期間を定めようとするときは、関係海区漁業調整委員会の意見を聴かなければならない。（ただし書きは準用せず）

4　第一項の申請すべき期間内に許可又は起業の認可を申請した者に対しては、都道府県知事は、第四十条第一項各号のいずれかに該当する場合を除き、許可又は起業の認可をしなければならない。

5　前項の規定により許可又は起業の認可をすべき船舶等の数が第一項の規定により公示した船舶等の数を超える場合においては、前項の規定にかかわらず、当該知事許可漁業の状況を勘案して、関係海

公示をするとすれば当該漁業の操業の時機を失し、当該漁業を営む者の経営に著しい支障を及ぼすと認められる事情があるときは、この限りでない。

3　知事は、第一項の規定により公示する制限措置の内容及び申請すべき期間を定めようとするときは、関係海区漁業調整委員会の意見を聴かなければならない。

4　第一項の申請すべき期間内に許可又は起業の認可を申請した者に対しては、知事は、第九条第一項各号のいずれかに該当する場合を除き、許可又は起業の認可をしなければならない。

5　前項の規定により許可又は起業の認可をすべき船舶等の数が第一項の規定により公示した船舶等の数を超える場合においては、前項の規定にかかわらず、当該知事許可漁業の状況を勘案して、関係海

て同じ。）をしようとするときは、当該大臣許可漁業を営む者の数、当該大臣許可漁業に係る船舶の数及びその操業の実態その他の事情を勘案して、許可又は起業の認可をすべき船舶の数及び船舶の総トン数、操業区域、漁業時期、漁具の種類その他の農林水産省令で定める事項に関する制限措置を定め、当該制限措置の内容及び許可又は起業の認可を申請すべき期間を公示しなければならない。

2　前項の申請すべき期間は、三月を下ることができない。ただし、農林水産省令で定める緊急を要する特別の事情があるときは、この限りでない。

て同じ。）をしようとするときは、当該知事許可漁業を営む者の数、当該知事許可漁業に係る船舶等の数及びその操業の実態その他の事情を勘案して、許可又は起業の認可をすべき船舶等の数及び船舶の総トン数、操業区域、漁業時期、漁具の種類その他の規則で定める事項に関する制限措置を定め、当該制限措置の内容及び許可又は起業の認可を申請すべき期間を公示しなければならない。

2　前項の申請すべき期間は、漁業の種類ごとに規則で定める期間とする。（ただし書きは準用せず）

をしようとするときは、当該知事許可漁業を営む者の数、当該知事許可漁業に係る船舶等の数及びその操業の実態その他の事情を勘案して、次に掲げる事項に関する制限措置を定め、当該制限措置の内容及び許可又は起業の認可を申請すべき期間を公示しなければならない。

一　漁業種類（知事許可漁業を水産動植物の種類、漁具の種類その他の漁業の方法により区分したものをいう。以下同じ。）

二　許可又は起業の認可をすべき船舶等の数及び船舶の総トン数又は漁業者の数

三　推進機関の馬力数

四　操業区域

五　漁業時期

六　・・・

2　前項の申請すべき期間は、一月を下らない範囲内において漁業の種類ごとに知事が定める期間とする。ただし、一月以上の申請期間を定めて前項の規定による定める使用人のうちに前二号のいずれかに該当する者があるものであること。

四　暴力団員等がその事業活動を支配する者であること。

五　許可を受けようとする船舶が農林水産大臣の定める基準を満たさないこと。

六　その申請に係る漁業を適確に営むに足りる生産性を有さず、又は有することが見込まれない者であること。

2　農林水産大臣は、前項第五号の基準を定め、又は変更しようとするときは、水産政策審議会の意見を聴かなければならない。

（新規の許可又は起業の認可）

第四十二条　農林水産大臣は、許可（第三十九条第一項及び第四十五条の規定によるものを除く。以下この条において同じ。）又は起業の認可（第四十五条の規定によるものを除く。以下この条におい

定める使用人のうちに前二号のいずれかに該当する者があるものであること。

四　暴力団員等がその事業活動を支配する者であること。

五　許可を受けようとする船舶等が都道府県知事の定める基準を満たさないこと。

六　（準用せず）

2　都道府県知事は、前項第五号の基準を定め、又は変更しようとするときは、関係海区漁業調整委員会の意見を聴かなければならない。

（新規の許可又は起業の認可）

第四十二条　都道府県知事は、許可（第三十九条第一項及び第四十五条の規定によるものを除く。以下この条において同じ。）又は起業の認可（第四十五条の規定によるものを除く。以下この条におい

施行令（昭和二十五年政令第三十号）で定める使用人のうちに前二号のいずれかに該当する者があるものであること。

四　暴力団員等がその事業活動を支配する者であること。

五　許可を受けようとする船舶等が知事の定める基準を満たさないこと。

2　知事は、前項第五号の基準を定め、又は変更しようとするときは、関係海区漁業調整委員会の意見を聴かなければならない。

（新規の許可又は起業の認可）

第十一条　知事は、許可（第七条第一項及び第十四条第一項の規定によるものを除く。以下この条において同じ。）又は起業の認可（第十四条第一項の規定によるものを除く。以下この条において同じ。）

二　その申請に係る漁業と同種の漁業の許可の不当な集中に至るおそれがある場合

2　農林水産大臣は、前項の規定により許可又は起業の認可をしないときは、あらかじめ、当該申請者にその理由を文書をもつて通知し、公開による意見の聴取を行わなければならない。

3　前項の意見の聴取に際しては、当該申請者又はその代理人は、当該事案について弁明し、かつ、証拠を提出することができる。

（許可又は起業の認可についての適格性）

第四十一条　許可又は起業の認可について適格性を有する者は、次の各号のいずれにも該当しない者とする。

一　漁業又は労働に関する法令を遵守せず、かつ、引き続き遵守することが見込まれない者であること。

二　暴力団員等であること。

三　法人であつて、その役員又は政令で

二　その申請に係る漁業と同種の漁業の許可の不当な集中に至るおそれがある場合

2　都道府県知事は、前項の規定により許可又は起業の認可をしないときは、あらかじめ、当該申請者にその理由を文書をもつて通知し、公開による意見の聴取を行わなければならない。

3　前項の意見の聴取に際しては、当該申請者又はその代理人は、当該事案について弁明し、かつ、証拠を提出することができる。

（許可又は起業の認可についての適格性）

第四十一条　許可又は起業の認可について適格性を有する者は、次の各号のいずれにも該当しない者とする。

一　漁業又は労働に関する法令を遵守せず、かつ、引き続き遵守することが見込まれない者であること。

二　暴力団員等であること。

三　法人であつて、その役員又は政令で

二　その申請に係る漁業と同種の漁業の許可の不当な集中に至るおそれがある場合

2　知事は、前項の規定により許可又は起業の認可をしないときは、関係海区漁業調整委員会の意見を聴いた上で、当該申請者にその理由を文書をもって通知し、公開による意見の聴取を行わなければならない。

3　前項の意見の聴取に際しては、当該申請者又はその代理人は、当該事案について弁明し、かつ、証拠を提出することができる。

（許可又は起業の認可についての適格性）

第十条　許可又は起業の認可について適格性を有する者は、次の各号のいずれにも該当しない者とする。

一　漁業又は労働に関する法令を遵守せず、かつ、引き続き遵守することが見込まれない者であること。

二　暴力団員等であること。

三　法人であって、その役員又は漁業法

（許可又は起業の認可をしない場合）

第四十条　次の各号のいずれかに該当する場合は、農林水産大臣は、許可又は起業の認可をしてはならない。

一　申請者が次条第一項に規定する適格性を有する者でない場合

（許可又は起業の認可をしない場合）

第四十条　次の各号のいずれかに該当する場合は、都道府県知事は、許可又は起業の認可をしてはならない。

一　申請者が次条第一項に規定する適格性を有する者でない場合

ない。

一　申請者の氏名及び住所（法人にあっては、その名称、代表者の氏名及び主たる事務所の所在地）

二　知事許可漁業の種類

三　操業区域、漁業時期、漁獲物の種類及び漁業根拠地

四　漁具の種類、数及び規模

五　使用する船舶の名称、漁船登録番号、総トン数並びに推進機関の種類及び馬力数

六　その他参考となるべき事項

2　知事は、前項の申請書のほか、許可又は起業の認可をするかどうかの判断に関し必要と認める書類の提出を求めることができる。

（許可又は起業の認可をしない場合）

第九条　次の各号のいずれかに該当する場合は、知事は、許可又は起業の認可をしてはならない。

一　申請者が次条第一項に規定する適格性を有する者でない場合

第三十九条　前条の認可（以下この節において「起業の認可」という。）を受けた者がその起業の認可に基づいて許可を申請した場合において、申請の内容が認可を受けた内容と同一であるときは、農林水産大臣は、次条第一項各号のいずれかに該当する場合を除き、許可をしなければならない。

2　起業の認可を受けた者が、認可を受けた日から農林水産大臣の指定した期間内に許可を申請しないときは、起業の認可は、その期間の満了の日に、その効力を失う。

第三十九条　前条の認可（以下この節において「起業の認可」という。）を受けた者がその起業の認可に基づいて許可を申請した場合において、申請の内容が認可を受けた内容と同一であるときは、都道府県知事は、次条第一項各号のいずれかに該当する場合を除き、許可をしなければならない。

2　起業の認可を受けた者が、認可を受けた日から都道府県知事の指定した期間内に許可を申請しないときは、起業の認可は、その期間の満了の日に、その効力を失う。

第七条　前条の認可（以下「起業の認可」という。）を受けた者がその起業の認可に基づいて許可を申請した場合において、申請の内容が認可を受けた内容と同一であるときは、知事は、第九条第一項各号のいずれかに該当する場合を除き、許可をしなければならない。

2　起業の認可を受けた者が、認可を受けた日から知事の指定した期間内に許可を申請しないときは、起業の認可は、その期間の満了の日に、その効力を失う。

（許可又は起業の認可の申請）

第八条　許可又は起業の認可を受けようとする者は、法第五十七条第一項の農林水産省令で定める漁業又は第四条第一項第一号若しくは第三号から第十三号までに掲げる漁業にあっては当該漁業ごと及び船舶等ごとに、その他の漁業にあっては当該漁業ごとに、次に掲げる事項を記載した申請書を知事に提出しなければなら

（許可を受けた者の責務）

第三十七条　前条第一項の農林水産省令で定める漁業（以下「大臣許可漁業」という。）について同項の許可（以下この節（第四十七条を除く。）において単に「許可」という。）を受けた者は、資源管理を適切にするために必要な取組を自ら行うとともに、漁業の生産性の向上に努めるものとする。

（起業の認可）

第三十八条　許可を受けようとする者であつて現に船舶を使用する権利を有しないものは、船舶の建造に着手する前又は船舶を譲り受け、借り受け、その返還を受け、その他船舶を使用する権利を取得する前に、船舶ごとに、あらかじめ起業につき農林水産大臣の認可を受けることができる。

（許可を受けた者の責務）

第三十七条　知事許可漁業について第五十七条第一項の許可（以下この節（第四十七条を除く。）において単に「許可」という。）を受けた者は、資源管理を適切にするために必要な取組を自ら行うとともに、漁業の生産性の向上に努めるものとする。

（起業の認可）

第三十八条　許可を受けようとする者であつて現に船舶等を使用する権利を有しないものは、船舶等の建造又は製造に着手する前又は船舶等を譲り受け、借り受け、その返還を受け、その他船舶等を使用する権利を取得する前に、船舶等ごとに、あらかじめ起業につき都道府県知事の認可を受けることができる。

号若しくは第三号から第十三号までに掲げる漁業にあっては当該漁業ごと及び船舶等ごとに、その他の漁業にあっては当該漁業ごとに受けなければならない。

（許可を受けた者の責務）

第五条　知事許可漁業について許可を受けた者は、資源管理を適切にするために必要な取組を自ら行うとともに、漁業の生産性の向上に努めるものとする。

（起業の認可）

第六条　許可を受けようとする者であって現に船舶等を使用する権利を有しないものは、船舶等の建造又は製造に着手する前又は船舶等を譲り受け、借り受け、その返還を受け、その他船舶等を使用する権利を取得する前に、船舶等ごとに、あらかじめ起業につき知事の認可を受けることができる。

可をすることができる船舶等の数

二　農林水産大臣があらかじめ指定した水域において都道府県知事が許可をすることができる船舶等の数

三　その他農林水産省令で定める事項

8　農林水産大臣は、前項の事項を定めようとするときは、関係都道府県知事の意見を聴かなければならない。

9　都道府県知事は、第七項の規定により定められた事項に違反して第一項の許可をしてはならない。

十　いるか突棒漁業　海面においているか突棒により行う漁業

十一　さけ・ますはえ縄漁業　海面において総トン数十トン以上の動力漁船を使用してさけ・ますはえ縄により行う漁業

十二　しいらづけ漁業　海面においてしいらづけにより行う漁業（中型まき網漁業を除く。）

十三　たこつぼ漁業　海面においてたこつぼにより行う漁業

十四　潜水器漁業　海面において潜水器（簡易潜水器を含む。）により行う漁業

十五　地びき網漁業　海面において地びき網により行う漁業

十六　小型定置網漁業　海面において小型定置網により行う漁業

十七　ふくろ網漁業　内水面においてふくろ網により行う漁業（第二号に掲げるうなぎ稚魚漁業を除く。）

2　前項の許可は、法第五十七条第一項の農林水産省令で定める漁業又は前項第一

3　農林水産大臣は、第一項の農林水産省令を制定し、又は改廃しようとするときは、水産政策審議会の意見を聴かなければならない。

4　第一項の規則は、都道府県知事が漁業調整のため漁業者又はその使用する船舶等について制限措置を講ずる必要があると認める漁業について定めるものとする。

5　都道府県知事は、第一項の規則を制定し、又は改廃しようとするときは、関係海区漁業調整委員会の意見を聴かなければならない。

6　都道府県知事は、第一項の規則を制定し、又は改廃しようとするときは、農林水産大臣の認可を受けなければならない。

7　農林水産大臣は、第一項の農林水産省令で定める漁業について、都道府県の区域を超えた広域的な見地から、次に掲げる事項を定めることができる。

一　当該漁業について都道府県知事が許

長十三センチメートル以下のうなぎをいう。）をとることを目的とする漁業

三　しじみ漁業　内水面においてじょれんによりしじみをとることを目的とする漁業（小型機船底びき網漁業を除く。）

四　さんご漁業　海面においてさんごをとることを目的とする漁業

五　小型まき網漁業　海面において総トン数五トン未満の船舶を使用して小型まき網により行う漁業（第一号に掲げるもじゃこ漁業を除く。）

六　機船船びき網漁業　海面において機船船びき網により行う漁業（第一号に掲げるもじゃこ漁業を除く。）

七　ごち網漁業　海面においてごち網により行う漁業

八　刺し網漁業　海面において刺し網により行う漁業（次号に掲げる固定式刺し網漁業を除く。）

九　固定式刺し網漁業　海面において固定式刺し網により行う漁業

（共同申請）

第五条　この法律又はこの法律に基づく命令に規定する事項について共同して申請しようとするときは、そのうち一人を選定して代表者とし、これを行政庁に届け出なければならない。代表者を変更したときも、同様とする。

2～4　（略）

（都道府県知事による漁業の許可）

第五十七条　大臣許可漁業以外の漁業であつて農林水産省令又は規則で定めるものを営もうとする者は、都道府県知事の許可を受けなければならない。

2　前項の農林水産省令は、都道府県の区域を超えた広域的な見地から、農林水産大臣が漁業調整のため漁業者又はその使用する船舶等について制限措置を講ずる必要があると認める漁業について定めるものとする。

（代表者の届出）

第三条　法第五条第一項の規定による代表者の届出は、次に掲げる事項を記載した届出書を提出して行うものとする。

一　申請者の氏名及び住所（法人にあっては、その名称、代表者の氏名及び主たる事務所の所在地）

二　代表者として選定された者の氏名及び住所（法人にあっては、その名称及び主たる事務所の所在地）

第二章　漁業の許可

（知事による漁業の許可）

第四条　法第五十七条第一項の農林水産省令で定める漁業のほか、次に掲げる漁業を営もうとする者は、同項の規定に基づき、知事の許可を受けなければならない。

一　もじゃこ漁業　海面においてもじゃこ（全長十五センチメートル以下のぶりをいう。）をとることを目的とする漁業（中型まき網漁業を除く。）

二　うなぎ稚魚漁業　うなぎの稚魚（全

第一章　総則

（目的）

第一条　この規則は、漁業法（以下「法」という。）、水産資源保護法その他漁業に関する法令と相まって、○○県における水産資源の保護培養及び漁業調整を図り、もって漁業生産力を発展させることを目的とする。

（県内に住所を有しない者の申請）

第二条　県内に住所を有しない者は、第八条第一項、第三十二条第二項又は第三十四条第三項の申請書を知事に提出しようとする場合には、その住所の所在する都道府県の知事の意見書を添えなければならない。

Ⅳ　都道府県漁業調整規則例　三段表

漁業法（昭和二十四年法律第二百六十七号） 読替前	漁業法（昭和二十四年法律第二百六十七号） 読替後	都道府県漁業調整規則例
		漁業法（昭和二十四年法律第二百六十七号）第五十七条第一項並びに第百十九条第一項及び第二項並びに水産資源保護法（昭和二十六年法律第三百十三号）第四条第一項の規定に基づき、並びにこれらの法律を実施するため、○○県漁業調整規則を次のように定める。 令和　年　月　日 ○○県知事　氏　名 目次 第一章　総則（第一条―第三条） 第二章　漁業の許可（第四条―第三十二条） 第三章　水産資源の保護培養及び漁業調

付録「Ⅳ　都道府県漁業調整規則例　三段表」は、

巻末（265頁）より始まります。

逐条解説　都道府県漁業調整規則例

2021年12月25日　第1版第1刷発行

著　　　都道府県漁業調整規則研究会

発行者　箕　浦　文　夫
発行所　株式会社大成出版社
東京都世田谷区羽根木1―7―11
〒156-0042　電話03(3321)4131(代)
https://www.taisei-shuppan.co.jp/

印刷　亜細亜印刷

ISBN978-4-8028-3451-3